環境と社会

大塚　直

環境と社会（'21）

©2021　大塚　直

装丁・ブックデザイン：畑中　猛

s-77

まえがき

　人間活動が環境に与える負荷は，かつては，自然の受容力・復元力によって回復されましたが，産業革命以降，特に20世紀に入って以後，人間生活の向上と発展のため，その活動に基づく負荷が環境容量を超えて拡大することによって，良好な環境に悪影響を与えてきました。環境問題はまず，工業化の過程で「公害問題」として発生し，公害が深刻な地域では，人間の健康・生活環境を破壊するにいたりました。わが国では，第2次世界大戦後の重化学工業の発展時期に四大公害を経験しました。その後，総量規制などが効果を発揮し，激甚な工場公害は減少しましたが，1970年代後半からは，自動車排ガスのような都市型の公害や廃棄物問題，非点源といわれる，市街地や森林など広範な場所から発生する原因物質によって環境が劣化する現象（面的汚染），アメニティの破壊など，さまざまな環境問題に軸足が移ります。さらに，1980年代後半からは，フロン類によるオゾン層破壊の問題を嚆矢とし，気候変動問題に代表される地球環境問題が国際的に重要になりました。生態系破壊の問題は，国内問題でもありますが，地球全体の問題としても注目されてきたわけです。気候変動問題は，公害とは別の観点から，人類の存続を脅かす問題となっています。

　環境問題には社会的側面と自然的側面がありますが，環境問題の社会的側面について学習する際にも，その自然的側面についての最低限の知識が不可欠なことは言うまでもありません。

　そこで，本書は，まず第1―第5章で，生態学の観点から，中静により，「さまざまな地球環境問題」，「気候変動の原因と影響」，「生物多様性と生態系サービス」，「森林の持続的利用」，「環境問題と地域の持続可

能性」について扱い，環境問題の自然的側面について学習します。

　次に，第6—第10章では，社会的側面の中でも環境と経済に関する課題について，諸富により，「環境経済学の基礎」，「環境政策の経済的手段とポリシー・ミックス」，「環境政策における経済的手段の理論と実際」，「再生可能エネルギー固定価格買取制度（FIT）」，「環境問題と経済成長」について扱います。

　最後に，第11—15章では，社会的側面の中でも環境と法に関する問題について，大塚により，「環境における法の役割」，「環境基本法と環境法の理念・原則」，「個別環境法の仕組みと環境影響評価法」，「環境訴訟」，「原発規制と放射性物質による汚染への対処」について扱います。

　環境・社会全体に関する基本原則として，持続可能な発展（Sustainable Development）があり，1992年に国際的に採択されたリオ宣言にもこの原則が定められています。この原則に基づく国連持続可能な発展目標（Sustainable Development Goals：SDGs）については，皆さんも聴かれたことがあるでしょう。持続可能な発展は，環境・経済・社会を統合することを目標としており，本書はこの考え方を体現しているといえます。また，本書の特色として，気候変動や再生可能エネルギーの固定価格買取制度（FIT）など，現代的な環境問題にかなりのページ数を割いていることをあげることができます。

　本書『環境と社会』は，最初は2009年に鈴木基之・植田和弘著で出版され（大塚直も執筆），2014年に植田・大塚著として改訂出版されました。今般，中静透，諸富徹という有力なメンバーを加えて，大塚と共著での出版となりました。本書はその叙述を一部前著に負っています。本書出版の機会を与えてくださった鈴木先生，植田先生に感謝申し上げます。

　本書の各章の末尾には，設問なども準備しておりますので，各章のポ

イントを理解するのに役立てていただければと思います。

　本書の作成にあたっては，橋爪健氏をはじめ関係者の方々にお世話になりました。謝意を表します。

2021年2月

大塚　直・中静　透・諸富　徹

6

目 次

まえがき　　　大塚　直・中静　透・諸富　徹　3

1 さまざまな地球環境問題　　　| 中静　透　10

1．環境問題とは　10
2．持続可能な開発と地球環境問題　12
3．さまざまな地球環境問題　16

2 気候変動の原因と影響　　　| 中静　透　28

1．気候変化のメカニズムと予測　28
2．気候変化の影響　34
3．気候変化に対する取り組み　41

3 生物多様性と生態系サービス

　　　　　　　　　　　　　　| 中静　透　48

1．生物多様性の変化　48
2．生態系サービスとその変化　50
3．生物多様性の衰退を引き起こす原因　56
4．生物多様性の変化に対する取り組み　58

4 森林の持続的利用　　　| 中静　透　66

1．森林の減少と劣化　66
2．森林の減少・劣化の原因　68
3．森林減少の影響　71
4．森林の減少・劣化に対する対策　73

5 │ 環境問題と地域の持続可能性 │ 中静 透 81

1. 持続可能性とは　81
2. 自然資本と再生可能な資源　82
3. エコロジカル・フットプリントの考え方　84
4. 包括的富指標　87
5. 持続可能な開発目標における持続可能性　88
6. 生活の豊かさの評価　90

6 │ 環境経済学の基礎 │ 諸富 徹 95

1. 環境政策の目標　95
2. 環境政策の体系　98
3. 環境経済学の基本概念　99
4. 環境政策手段の相互比較　104
5. まとめ　111

7 │ 環境政策の経済的手段とポリシー・ミックス │ 諸富 徹 114

1. ポリシー・ミックスとは何か　114
2. ポリシー・ミックスの類型　117
3. 主要ポリシー・ミックス類型に
   関する経済分析の枠組み　119

8 │ 環境政策における経済的手段の理論と実際 │ 諸富 徹 129

1. はじめに　129
2. カーボンプライシングとは何か　130
3. 炭素税と排出量取引制度　133
4. カーボンプライシングの社会経済的インパクト　140
5. カーボンプライシングのあり方　143

9 | 再生可能エネルギー固定価格買取制度 （FIT）
| 諸富　徹　146

1. はじめに　146
2. FIT の成果と課題　147
3. 再生可能エネルギーの大量導入と電力系統　154
4. 再エネ大量導入と日本の電力市場設計　158
5. FIT の改正：
「フィードイン・プレミアム制度」へ　162

10 | 環境問題と経済成長
| 諸富　徹　167

1. 環境と経済は対立するのか？　167
2. 環境政策とイノベーション　173
3. 「脱炭素化」と経済成長　178

11 | 環境における法の役割
| 大塚　直　188

1. 環境法とは何か　189
2. 環境問題に対する法的対応　192
3. 環境法を実現するための手法　195
4. 環境規制と技術の関係　198

12 | 環境基本法と環境法の理念・原則
| 大塚　直　202

1. 環境基本法の成立　202
2. 環境権とは何か，環境法の理念とは何か　204
3. 環境基本法と環境基本計画　210
4. 環境行政における国・自治体の役割　214

13 | 個別環境法の仕組みと環境影響評価法

　　　　　　　　　　　　　　　　　　　| 大塚　直　219

　　1．環境規制法の仕組み　　219
　　2．環境影響評価法の仕組み　　226

14 | 環境訴訟　　　　　　　　　| 大塚　直　237

　　1．はじめに　　237
　　2．民事訴訟　　237
　　3．行政訴訟　　245
　　4．公害紛争処理制度　　251

15 | 原発規制と放射性物質による汚染への対処　　　　　　| 大塚　直　256

　　1．原発安全規制等に関する法の不備と
　　　それに対する対処―炉規制法の改正　　258
　　2．放射性物質による汚染と環境法　　264
　　3．原子力法と環境法　　267

索　引　272

1 さまざまな地球環境問題

中静 透

《この章のねらい》 いわゆる地球環境問題といわれる問題全体を俯瞰して，その原因と社会に与える影響を概観します。地球環境問題は人間活動が原因となっており，それが人間生活のさまざまな局面で影響を及ぼしている事実を理解します。
《キーワード》 地球環境問題，気候変動，生物多様性，森林，人口，資源利用，持続可能性

1. 環境問題とは

（1） 環境問題から地球環境問題へ

　日本では明治中期の足尾鉱毒事件，1910年代ころからのイタイイタイ病，1950年代の水俣病などを始めとして，経済の発展に伴っていわゆる公害問題が起こります。また，国際的にも1960年代にレイチェル・カーソンの「沈黙の春」が出版され，農薬などの化学物質で鳥がいなくなるなどの影響が報告されますが，これらによって環境問題が深刻にとらえられるようになります。

　この当時の環境問題は，上述のような大気や水，土壌の汚染や，騒音・悪臭といった局所的（ローカル）な問題でした。当時の環境問題においては，私たちの生活や産業によって生活環境が悪化することが実感でき，その原因や責任もかなり明白な場合が多かったと思います。

　これに対して，近年の環境問題は，資源や人間の動きが地球規模（グ

ローバル）となり，影響の及ぶ範囲も広く大きくなり，ある原因が遠く
離れた地域の環境に影響を与える現象（テレカップリング）も生じてい
るため，一般人が因果関係を実感することが難しくなっています。これ
が地球環境問題です。

（2）地球環境問題

　あらためて地球環境問題を定義すると，環境問題のうち，問題の発生
源や影響が，国境を越えて地球規模に及ぶものを指します。影響の及ぶ
空間スケールが大きいことに加えて，そのメカニズムが複合的であるた
め，ローカルな環境問題のように一般人が因果関係を直感的に理解する
ことが難しい場合が多いのです。したがって，グローバルな統計や科学
的観測，それに基づく科学的なモデルなどを通じて初めて，因果関係を
理解できることになります。例えば，気候の温暖化は大気科学や二酸化
炭素濃度の長期にわたる観測があり，気候モデルによってさまざまな影
響予測が行われ，さらにはそうした予測と一致する現象が身近に起こる
ことによって，はじめて多くの一般市民が理解するにいたりましたが，
いまだに人間活動を原因とする気候変化を認めない人たちもいます。ま
た，私たちが日常生活で用いるさまざまな製品は，輸出入を通じて遠く
離れた国や地域の原材料を用いて生産されており，そのことが現地の生
態系や生物多様性を減少・劣化させている場合がありますが，日常の消
費行動では意識されない場合がたくさんあります。

　影響が及ぶ空間スケールが大きいことや，複合的なメカニズムのため
に，その解決も難しい場合が多いのです。温暖化のように，一つの国だ
けで温暖化ガスの排出を削減しても，地球全体ではわずかな効果しかあ
りません。ある国で解決のための法律を整備しても，他国で問題の原因
が解消されない限り，全体の問題解決にはいたりません。

　また，解決のための責任の明確化やコスト負担も難しい場合が多いのです。しかし，環境問題は初期には外部不経済と考えられているものの，次第に経済活動の内部化が進んできました。人間活動の影響が小さかった時代には，汚染物質が排出されても自然の浄化作用や無毒化作用によって問題が起こることはなく，したがって問題解決のコストも生じませんでした。しかし，汚染が「公害」として顕在化すると，その解決のためのコストを負担する必要が生じます。因果関係や責任が明らかになってくると，自らの工場に廃水処理装置を配備するというように，次第に問題解決のコストが経済活動に内部化されていきます。温暖化に関しては，近年ようやく排出する二酸化炭素が引き起こす問題の処理コストが内部化されつつありますし（第2章参照），他の地球環境問題でもそうした動きは進みつつありますが，生物多様性などのように，まだほとんど内部化されていない地球環境問題は多いのです。

2. 持続可能な開発と地球環境問題

（1）成長の限界

　地球環境問題は，人間社会の資源利用や経済の発展と関係しています。公害問題やローカルな環境問題が顕在化したあと，次第に問題の広域性が深刻に考えられるようになってきました。また，広域性だけでなく，ローマクラブのレポート「成長の限界」では，「人口増加や環境汚染などの現在の傾向が続けば，100年以内に地球上の成長は限界に達する」という懸念が示されるようになりました（メドウズ，1972）。このレポートでは，システムダイナミクスを用いて，世界人口は2030年ごろピークに達しますが，1人当たりの食糧供給量や産業生産量はその10年くらい前にピークに達し，それ以降は衰退してゆくと予想しました。この報告から約30年が経過した2000年ころまでの統計を見ると，世界の資

源利用がほぼレポートの予測通りに進んできたことが明らかになっています（図1-1）。

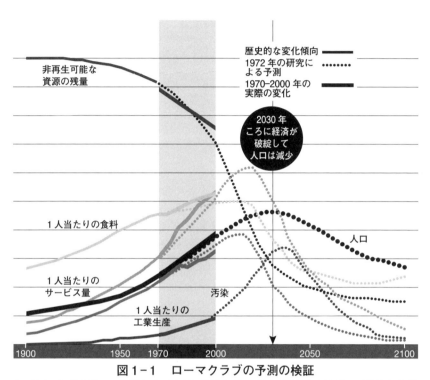

図1-1　ローマクラブの予測の検証

（メドウズ（1972）の予測した人口や産業などの動向を1970-2000年の統計から検証したもの。）

＜出所＞ Andrew Tarantola（2012）1970's Study Predictions Are Still on Target for 2030's Decline of Humanity. Smithonian Magazine 04/03/12.

（2）プラネタリー・バウンダリーと人新世

　ローマクラブのレポートにあるような，地球環境や資源利用，人間活

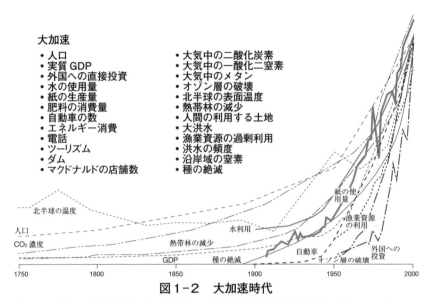

図1-2 大加速時代

（人口や産業，資源利用などさまざまな人間活動量が1950年以降加速している。）

＜出所＞ Steffen, W., Broadgate, W., Deutsch, L., Gaffney, O., Cornelia Ludwig, C.（2015）The trajectory of the Anthropocene : The Great Acceleration. The Anthropocene Review, 2, 81-98. https : //doi.org/10.1177/2053019614564785

　動などに関するさまざまな指標の変化は，近年さらに詳細かつ多様に調べられており，その多くが第二次世界大戦後に加速的に増加していることがわかっています（図1-2）。近年，この現象は「大加速（グレート・アクセラレーション）」とよばれており，きわめて異常な事態といわれています。

　こうした急速で大規模な人間活動の拡大は，影響があまりに大きく，地球全体のシステムとしての不可逆な変化を引き起こす閾値（転換点，臨界点）に近づいているか，あるいは超えているという懸念も示されています。それが「プラネタリー・バウンダリー（地球の臨界点）」とよばれる概念です。地球は一定の変動幅をもちながらも，システムとして

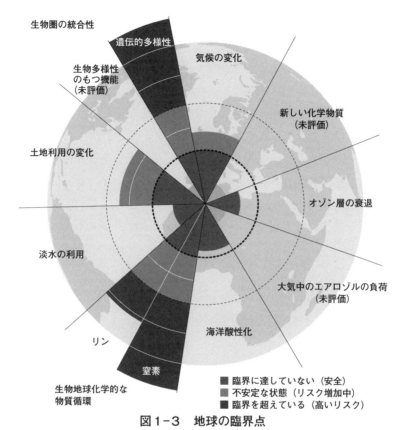

図1-3　地球の臨界点

（地球のシステムとその限界値の関係。）

＜出所＞ Steffen,W. et al.（2015）Planetary boundaries : Guiding human development on a changing planet. Science 347, 736. DOI : 10.1126/science.1259855.
https://stockholmuniversity.app.box.com/s/avnyhh4xzshxb19j82hn5mf3hxyuvqj0

安定な状態に引き戻すメカニズムをもっていますが，プラネタリー・バウンダリーを超えてしまうと不可逆あるいは予測できない変化を引き起こすことになると考えられています。窒素やリンの循環や遺伝的多様性など，地球システムのいくつかはすでに人類の活動により危険な限界値

を超えており，それ以外も差し迫った危機にあります(図1-3)。もし，こうした限界を超えているとすると，自然と開発の相互最適化を可能にする持続的開発というような発想すらも成り立たなくなる可能性があります（Rockström et al. 2009）。

　人間は，地球の45億年の歴史の中ではありえなかった，大加速のような巨大な活動を通じて，これまでの地球システムとは異なる地球化学的物質循環や，エネルギー循環を引き起こし，気候や地質，生態系をこれまでにないものへ変化させ始めています。この現象は，新しい地質時代「人新世（アンスロポシーン）」に入りつつあると考えてもよいのではないかという議論にも発展しています（クリストフ・ボヌイユ，2018）。

3. さまざまな地球環境問題

　気候変動，生物多様性，森林減少については後の章で詳述しますので，ここでは，それ以外の地球環境問題について，その概要を述べます。

（1）砂漠化

　「砂漠化」は，「乾燥地域，半乾燥地域，及び乾燥半湿潤地域における種々の要因（気候の変動及び人間活動を含む）による土地の劣化」と定義されています（砂漠化対処条約）。自然状態での砂漠（極度に乾燥して植生が生育できない地域）は，砂漠化の問題とはいいません。気候変化（特に乾燥化）に伴って砂漠環境が広がる場合もありますが，問題となっている地域の多くは，もともと植生に覆われていた地域で，人間活動の結果として植生が失われる場合が多いのです。しかも一旦砂漠化した地域は植生の回復（緑化）が難しくなる場合もあります。砂漠化を引き起こすメカニズムとしては，土壌流出，流砂・飛砂，塩性化などがあり，いずれも乾燥地域の周辺部で起こりやすく，気候変化によって砂漠

化が加速される場合もあります。

　自然状態で植生が存在しうる地域ではあるものの，農作物の耕作が可能な土壌が雨や表流水によって流出し，栄養分の少ない土壌しか残らなかったり，基岩が露出してしまったりする場合が土壌流出です。過放牧・過耕作・過開発・薪炭のための森林伐採などで植生が薄くなってしまった場合や，山火事や豪雨によって起こる場合もあります。また，地域によってその原因も異なっています（図1-4）。

　自然状態では植生が存在し，耕作も可能な地域でも，土壌中の塩類濃度が上昇しすぎることで植物が生育できない状態になることが塩性化です。もともと塩類濃度の高い地域で，過放牧や伐採などで植生が衰退す

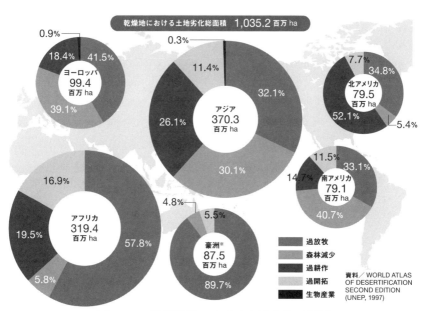

図1-4　乾燥地域における土地劣化の原因
（環境省資料による。）

ることによって土壌表面の水分が蒸発しやすくなったり，塩類濃度の高い地下水を利用した灌漑によって土壌表面の塩類濃度が高くなったりすること（塩類集積）で起こります。一度，塩類集積が起こると，植生回復や農業が難しく，放牧や農業が放棄される場合も多いのです。塩性の高い環境に強い植物の植栽などで，地下水位を下げることで回復できる場合もあります。

　自然状態では植生が存在するか，もともと農業が行なわれていた場所でも，周辺の砂丘などから流砂・飛砂によって表層が砂で覆われることで砂漠化する場合もあります。表面の砂を除去するか，植生や構造物で飛砂を防止する対策がとられています。

　国連では，1994年に「深刻な干ばつ又は砂漠化に直面する国（特にアフリカの国）における砂漠化に対処するための国際連合条約」（通称：砂漠化対処条約）が採択され，国際的な協力関係も進みつつあります。しかし，いったん砂漠化が起こると，農業生産性の低下，貧困の加速などにつながるため，実際の対策として地域住民の生活維持や貧困対策も考える必要があり，近年ではそうした点も考慮した持続的土地管理（SLM）が重要視されています（Cherlet et al. 2019）。

（2）オゾンホール

　オゾン層は地球の大気中に存在するオゾンの濃度が高い部分（高度25 km 付近が最も濃度が高い）のことで，太陽からの有害な波長の紫外線の多くを吸収し，地上の生態系を保護する役割を果たしています。紫外線のうち UV-B（315-280nm）は，そのほとんどがオゾン層によって吸収されますが，一部は地表に到達し，皮膚の炎症や白内障，皮膚がんの原因となります。

　冷蔵庫，クーラーなどの冷媒やプリント基板の洗浄剤として使用され

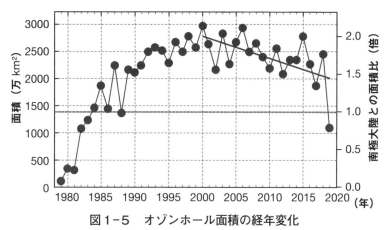

図1-5　オゾンホール面積の経年変化
（米国航空宇宙局（NASA）のデータから気象庁が作成した資料を一部改変。）
＜出所＞ 気象庁　オゾンホールの経年変化。
https : //www.data.jma.go.jp/gmd/env/ozonehp/diag_o3hole_trend.html

てきたフロンなど，塩素を含む化学物質が大気中に排出されてきました。フロンは安定な物質であるため，ほとんど分解されないまま成層圏に達し，太陽からの紫外線によって分解され，オゾンを分解する働きをもつ塩素原子ができます。それが両極に運ばれて集積され活性化されるとオゾン濃度が低下し，オゾンホールができるのです。オゾンホールができると極地方の地表にも UV-B が大量に到達し，健康被害をもたらす可能性が高くなります。

　1985年にオゾンホールの存在が発見されると，同年にはオゾン層を保護するためのウィーン条約が採択されました。2年後の1987年にはオゾン層を破壊する物質に関するモントリオール議定書が採択され，世界的にフロン規制が始まりました。北極／南極上空の成層圏内のオゾンは，1979年から1997年にかけて減少が続いていましたが，この規制の結果，1997年を境に増加傾向に転じたといわれています（図1-5）。これまで

の蓄積効果によって，今後しばらくは大規模なオゾンホールが残るものの，2020年ころからオゾンホールが縮小し始め，2050年ころには1980年レベルまで回復されると推定されています。地球環境問題のうち，解決の方向に向かっている唯一ともいえる事例です。

（3）大気汚染

　大気汚染問題とは，人間の経済的・社会的な活動により大気中に増加した微粒子や有害な気体成分が，人の健康や環境に悪影響をもたらすことです。火山噴出物や自然の山火事など自然由来のものは大気汚染に含めない場合がありますが，近年の森林火災は明らかに人間活動の影響で増加しており，自然現象とはいえません。

　酸性雨は大気汚染の1つで，大気中に放出された二酸化硫黄（SO_2）や窒素酸化物（NO，NO_2などをまとめてNO_Xと表現）などの物質が雨に溶けて降下することで，さまざまな被害を及ぼす現象であり，狭義には pH 5.6 以下の降雨を指します。雨だけでなく，雪，霧，粉じん，ガス状物質などを含めて酸性降下物として扱われることもあります。酸性降下物の影響としては，湖沼の酸性化による水棲生物の生育環境の改変，土壌の酸性化による有害金属の溶出とそれによる生物への影響や地下水の水質変化などがあります。日本でも酸性降下物は全国で観測されているものの，生物への影響に関して最終的に因果関係が明確になったものは，湖沼以外では多くありません。そのほか，屋外の文化財や建造物を溶かしたり，鉄筋の腐食を進行させたりするなどの被害が報告されています。

　ヨーロッパでは1960年代から，北アメリカでも1970年代に酸性雨が越境汚染として問題化しました。ヨーロッパでは1979年に長距離越境大気汚染条約が締結され，北米でも1991年にアメリカ・カナダ空気質協定が

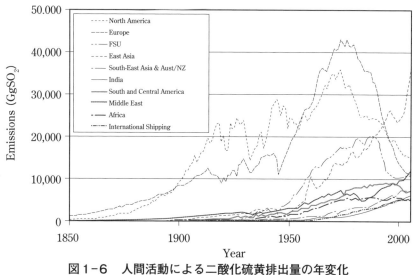

図1-6 人間活動による二酸化硫黄排出量の年変化
(Smith et al.（2011）を一部改変。)

締結されるなど，国を越えた汚染に対する協調的対策の枠組みが作られています。日本の酸性降下物に関しても他国起源のものが多いと考えられています。先進国では1970年代以降に規制が進み，酸性降下物となる原因物質の排出量は減少していますが，途上国ではいまだに増加しており，地球全体としての問題は解決していません（図1-6）。

大気汚染として最近注目されているのは微粒子状物質という，マイクロメートル（μm）レベルのサイズをもつ微粒子です。黄砂などの土壌粒子，粉塵のほか，燃焼で生ずる排出ガス，揮発成分に由来する粒子などからなります。粒子の大きさによって健康被害が異なるためPM10やPM2.5などに分類されますが，特にPM2.5と健康影響との相関性が高いため，汚染の指標として注目されています。呼吸器疾患や心疾患による死亡率と関係していると考えられており，世界保健機関(WHO)

は，世界人口の約90％が汚染された大気の下で暮らし，それが原因で年間700万人が死亡していると推定しています（WHO，2018）。

こうした微粒子状物質は，薪や化石燃料の燃焼，自動車の排気ガスなどに由来しますが，先進国の一部地域では，その削減に成功しているものの，途上国では汚染がさらに深刻化する傾向にあります。国によっては稲わらなどの耕作残渣を燃やすことが汚染に結びついているといわれています。また東南アジアでは，1980年代から森林や泥炭の火災による煙霧（ヘイズ）が国境を越えて広がり，深刻な大気汚染となっています。このため，東南アジア諸国連合（ASEAN）では2002年に越境煙霧汚染ASEAN協定を締結し，情報提供や防止策に乗り出しています。しかし，この問題には，気候変化による乾燥化や，低所得の農民による土地利用変化が泥炭層の地下水位低下を招くことが，泥炭火災に結びついているといわれており，解決にはこれらの複雑な要因を考慮する必要があります。

（4）廃棄物問題

経済活動の拡大に伴い，廃棄物も国際問題化してきました。1980年代に，先進国のごみが途上国へ捨てられ，環境汚染を引き起こしたことがきっかけとなり，国連環境計画（UNEP）が1989年に「有害廃棄物の国境を越える移動及びその処分の規制に関するバーゼル条約」（バーゼル条約）を採択しました。この条約によって，廃棄物は可能な限り国内で処分を行うこととされ，国境を越えた廃棄物の移動に規制がかけられています。

最近問題となっているのは，海洋プラスチック，あるいはマイクロプラスチック問題です。現在，大量のプラスチックが利用されていますが，その多くは耐久性があり，安価に製造できるため，使い捨てされる

場合が多いのです。自然には分解されないため，河川を通じて大量に海洋に放出され，魚類，ウミガメ類，海鳥，海洋哺乳動物など，数百種の生物が餌と間違えて飲み込むことなどにより，被害を受けているといわれています。

　この中で，粒子サイズが5mm（定義によっては1mm）以下とされるものがマイクロプラスチックです。マイクロプラスチックは，研磨剤や洗顔料などに使われるマイクロビーズ，大きなプラスチック材料の太陽光や紫外線による断片化，あるいは衣料の洗濯などによって生じます。マイクロプラスチックの影響については，まだ不明な点が多いですが，海水中に存在する有機汚染物質などを吸収し，それが人間を含む生物の体内に蓄積されたり，プラスチック添加剤による内分泌かく乱を起こしたりする可能性も指摘されています。

（5）水問題

　水は人間の生活に欠かせない資源であり，従来は資源問題として扱われる場合が多かったのですが，安全な飲み水が得られないために健康な生活ができないという問題や，水資源の過剰利用と汚染，水資源の不足による地域紛争など多くの問題を引き起こしており，重要な地球環境問題の1つと考えられています。その背景には，世界人口の増加や気候変動などが関係しています。

　世界では安全に管理された水が利用できない人が約21億人おり，うち約8.4億人は基本的な飲み水も入手できず，約1.6億人は，河川や湖などの地表水など，未処理の水を飲んでいると推定されています（WHO and UNICEF, 2017）。また衛生面でも水の問題は深刻であり，安全に管理されたトイレを使える人は都市部以外では少ないのです。不衛生な環境や汚染された水は，コレラ，赤痢，A型肝炎，腸チフスといった感

染症の伝染とも関連しています。

　一方では，目に見える形での水資源だけでなく，食糧を通じたグローバルな水資源の動きも問題となっています。例えば，トウモロコシ1kgの生産には，1,800リットルの灌漑用水が必要であり，同様に牛肉1kgの生産にはその約20,000倍もの水が必要だと推定されるため，食糧を輸入することによって，その生産に必要な分だけ自国の水を使わないで済んでいるといえます。つまり，食料の輸入は，こうした仮想水（バーチャル・ウォーター）を輸入していることと考えることができます。日本の仮想水の輸入量は，800億 m^3 ／年（環境省，2005）と推定され，生活，工業，農業用水込みの水使用量である約809億 m^3 ／年（国交省，2010）にも匹敵する量です。持続可能な社会や環境を考える上では，このような目に見えない形での浪費ともいえる水利用にも目を向ける必要があります。

（6）食糧問題

　食糧問題も，さまざまな環境問題と結びついています。世界人口の増加や気候変動による農作物の不作，バイオマス燃料への過剰な転換による食糧生産能力の低下などによる食糧不足や飢餓が問題となる一方，先進国では，「フードロス」（食料ロス，食品ロス）と呼ばれる食品の廃棄や肥満が問題となっています。

　世界中で生産されている食料の3割以上に及ぶおよそ13億トンが，毎年，失われるか廃棄されており，これは世界の飢餓人口10億人を養える量に相当すると指摘されています（FAO，2011）。フードロスの実態は先進国と発展途上国と大きく異なり，先進国では小売および消費者レベルで失われる量が多いのに対して，発展途上国では，収穫後や処理段階での損失が多いのです。

　日本国内では食品由来の廃棄物等年間2,759万トンのうち可食部分と考えられる量は，約643万トン（2016年度）に及び，その削減に関する努力が始まっています（環境省，2016）。日本は世界最大の食料輸入国であり食料自給率が低いので，フードロスを減らすことは食料自給率を上げることにもつながります。また，フードロスは経済的な損失でもあり，企業の利益率低下や小売価格の上昇にもつながります。さらに，資源・エネルギーのムダづかいでもあり，その処理にあたっては温室効果ガスも排出して環境に負荷を与えているなど，さまざまな点で影響が大きいのです。

参考文献

ドネラ・H・メドウズ(1972)，『成長の限界―ローマ・クラブ人類の危機レポート』ダイヤモンド社.

クリストフ・ボヌイユ，ジャン＝バティスト・フレソズ（2018），『人新世とは何か（地球と人類の時代）の思想史』（野坂しおり訳）青土社.

西岡秀三・村野健太郎・宮﨑忠國（2015），『［改訂新版］地球環境がわかる』技術評論社.

引用文献

Andrew Tarantola（2012），"1970's Study Predictions Are Still on Target for 2030's Decline of Humanity", *Smithonian Magazine*, 04/03/12.

Cherlet, M., Hutchinson, C., Reynolds, J., Hill, J., Sommer, S., von Maltitz, G. (Eds.) (2018), *World Atlas of Desertification*, Publication Office of the European Union, Luxembourg.

ドネラ・H・メドウズ (1972), 『成長の限界―ローマ・クラブ人類の危機レポート』ダイヤモンド社.

クリストフ・ボヌイユ, ジャン=バティスト・フレソズ (2018), 『人新世とは何か (地球と人類の時代)』(野坂しおり訳) 青土社.

FAO (2011), *Global food losses and food waste-Extent, causes and prevention*, Rome.

環境省 (2005), http : //www.mlit.go.jp/tochimizushigen/mizsei/c_actual/actual03.html

国交省 (2010), http : //www.mlit.go.jp/tochimizushigen/mizsei/c_actual/actual03.html

環境省 (2016), 「我が国の食品廃棄物等及び食品ロスの発生量の推計値 (平成28年度)」.

気象庁「オゾンホールの経年変化」https : //www.data.jma.go.jp/gmd/env/ozonehp/diag_o3hole_trend.html

Middleton, N., Thomas, D.S.G., United Nations Environment Programme (1997), *World atlas of desertification, 2nd Edition*, Copublished in the US, Central and South America by John Wiley, London.

Rockström, J., W. Steffen, K. Noone, Å. Persson, F. S. Chapin, III, E. Lambin, T. M. Lenton, M. Scheffer, C. Folke, H. Schellnhuber, B. Nykvist, C. A. De Wit, T. Hughes, S. van der Leeuw, H. Rodhe, S. Sörlin, P. K. Snyder, R. Costanza, U. Svedin, M. Falkenmark, L. Karlberg, R. W. Corell, V. J. Fabry, J. Hansen, B. Walker, D. Liverman, K. Richardson, P. Crutzen, and J. Foley (2009), "Planetary boundaries : exploring the safe operating space for humanity," *Ecology and Society* 14(2) : 32. [online] URL : http : //www. ecologyandsociety.org/vol14/iss2/art32/

Rockström, J., Steffen,W., Noone,K, Persson, Å., Chapin III, F. S., Lambin, E.F., Lenton, T.M., Scheffer,M., Folke1, C., Schellnhuber,H.J., Nykvist,B., de Wit, C.A., Hughes, T., van der Leeuw, S., Rodhe, H., Sörlin1,S., Snyder, P.K., Costanza1,R., Svedin, U., Falkenmark,M., Karlberg,L., Corell, R.W., Fabry,V.J., Hansen,J., Walker,B., Liverman, D., Richardson, K., Crutzen, P., Foley, J.A. (2009), "A safe operating space for humanity," *Nature* 461, 472-475.

Smith SJ, van Aardenne J, Klimont Z, Andres RJ, Volke A, & Delgado Arias S (2011), "Anthropogenic sulfur dioxide emissions : 1850-2005," *Atmospheric Chemistry and Physics* 11 (3) : 1101-1116. DOI : 10.5194/acp-11-1101-2011.

Steffen, W., Broadgate, W., Deutsch, L., Gaffney, O., Cornelia Ludwig, C. (2015), "The trajectory of the Anthropocene : The Great Acceleration," *The Anthropocene Review*, 2, 81-98. https : //doi.org/10.1177/2053019614564785

Steffen,W., Richardson, K., Rockström, J., Cornell, S.E., Fetzer, I., Bennett, E.M., Biggs, R., Carpenter, S.R., de Vries,W., de Wit, C.A., Folke,C., Gerten, D., Heinke, J., Mace, G.M., Persson, L.M., Ramanathan, V., Reyers, B., Sörlin, S. (2015), "Planetary boundaries : Guiding human development on a changing planet," *Science* 347, 736. DOI : 10. 1126/science.1259855.

WHO (2018), https : //www.who.int/news-room/detail/02-05-2018-9-out-of-10-people-worldwide-breathe-polluted-air-but-more-countries-are-taking-action

WHO and UNICEF (2017), *Progress on Drinking Water, Sanitation and Hygiene : 2017 Update and SDG Baselines,* Geneva : Licence : CC BY-NC-SA 3.0 IGO.

学習課題

【問題１】
地球規模の環境問題が実感しにくい理由を考えてみなさい。

【問題２】
「人新世」という地質時代を認めてよいかどうか，考えてみなさい。

【問題３】
フードロスをなくすために何ができるか，考えてみなさい。

2 | 気候変動の原因と影響

中静　透

《この章のねらい》　地球環境問題の中で，気候変動に的を絞り，その原因が
人間活動による温室効果ガスの増加であること，その影響は気候の温暖化だ
けでなく，降水量の変化，海洋酸性化，災害の激化などを引き起こすこと，
その対策に緩和策と適応策があることを理解します。
《キーワード》　温暖化，降水量の変化，極端現象，緩和策，適応策

1. 気候変化のメカニズムと予測

（1）気候変化のメカニズムと実態

　人間活動によって排出される温室効果ガス（二酸化炭素，メタン，一
酸化二窒素，フロンガスなど）には，海や陸などの地球の表面から地球
の外に放出される熱を大気中に蓄積する性質（温室効果）があります。
二酸化炭素は石炭や石油の消費などにより大気中に放出されるほか，森
林の減少などによっても放出されます。メタンは湿地や池，水田などで
枯死した植物が分解されることで放出され，放出量そのものは二酸化炭
素ほど大きくありませんが，温室効果が二酸化炭素の25倍と大きいの
で，二酸化炭素に次いで地球温暖化に及ぼす影響が大きいのです。2010
年の推定で，温室効果ガスの約65％を化石燃料由来の二酸化炭素，約10％
を森林減少などの土地利用変化による二酸化炭素，15％をメタンが占め
ています（IPCC, 2013）。世界全体では，二酸化炭素換算で約427億ト
ンが化石燃料の消費によって放出されていますが，中国（23％），米国

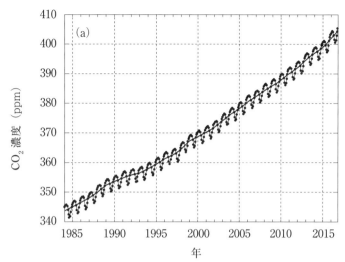

図２-１　大気中の二酸化炭素（CO₂）の世界平均濃度の変化
（太線は季節変動を除いた月平均値，細線で結んだ点は月平均値を
表す。この解析に使用した観測点は123地点。環境省・文部科学省・
農林水産省・国土交通省・気象庁（2018）による。）
＜出所＞ WMO（2017b）図３(a)。

（16％）の排出量が多く，日本は約３％を占めています。その結果，産
業革命以前には280ppm 程度であった大気中の二酸化炭素濃度が，1985
年には345ppm，2015年には約400ppm に達し（図２-１），危機的な温
暖化影響が懸念される状況となっています。

（2）すでに起こっている気候変化と今後の予想

　温室効果ガスの増加に伴って，気温は上昇し続けています。19世紀末
から平均気温で世界全体では0.7℃，日本では１℃以上上昇しています
（図２-２）。気温が変化することによって，地球全体の水循環も変化す
るため，降水量も変化し，乾燥した気候をもつ場所では，より降水量が

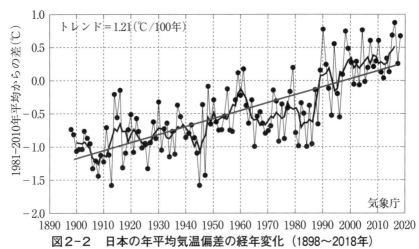

図2-2　日本の年平均気温偏差の経年変化（1898〜2018年）

（細線は，国内15観測地点での年平均気温の基準値からの偏差を平均した値を示している。太線は偏差の5年移動平均値，直線は長期変化傾向（この期間の平均的な変化傾向）を示している。基準値は1981〜2010年の30年平均値。気象庁（2019）による。）

増加したり，乾燥が激しくなったりする変化が生じています。日本では，年間降水量の変化は大きくありませんが，豪雨（例えば，日雨量100mm以上というような）の頻度が増え，雨の降らない日が増えています（図2-3）。

　こうした気候の将来の変化を予測するため，気候モデルが開発され，さまざまな将来予測が行われています。気候の予測結果は，人間活動がどのように行われるかによって異なるため，シナリオ分析という手法が用いられます。よく用いられるのは，温室効果ガスの排出をこのままの状態で何の対策もとらない場合（温室効果の大きさを決める放射強制力を指標としてRCP8.5シナリオとよばれる）と，温度変化を2℃以内に抑えるように努力した場合（RCP2.6）のシナリオです。RCP8.5では，

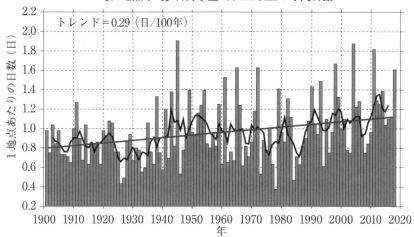

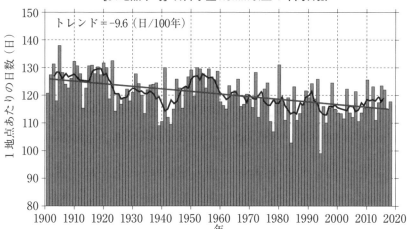

図2-3　日降水量100mm以上（上）および1.0mm以上の年間日数の経年変化

（豪雨の日数，雨の降らない日数がともに増えていることを示す。気象庁（2019）による。）

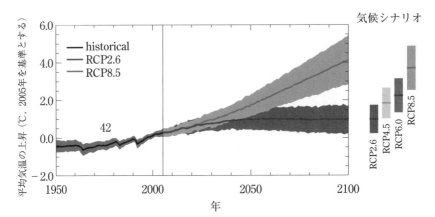

図2-4　気候変動シナリオに応じた平均気温の変化予測（IPCC, 2015）

温度上昇が4℃以上になるとも予測されています（図2-4）。さらに近年では，2050年に実質的に二酸化炭素排出量を実質的にゼロにし，温度上昇を1.5℃に抑えようとするシナリオも用いられています。

　こうした気候モデルとシナリオによって，気温上昇は北半球の高緯度地方で顕著であり，低緯度や海の多い南半球では比較的小さいと予想されています。日本でも，北海道や東北地方で上昇幅が大きく，沖縄などでは小さいと予測されています。また，平均気温が高くなるだけでなく，極端な気候がより顕在化すると予測されています。例えば，猛暑や豪雨の程度が強くなり，干ばつが深刻になったり，台風が巨大化したりすると予想されています。また，氷河や北極の氷山が融けたり，海水温の上昇で海水の体積膨張が起こったりするため，海水面はRCP8.5で80cm程度上昇する一方（図2-5），海水に二酸化炭素が溶け，炭酸が生成されることで海水の酸性化が進むと予想されていますが（図2-6），水温の高い地域で溶解が起こりやすいため，赤道近くの海での酸性化が速くなります。人間の活動で排出された二酸化炭素の約1／4が

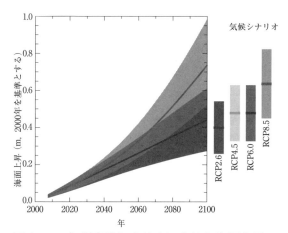

**図2-5　気候変動シナリオに応じた海面上昇の
予測（IPCC, 2015）**

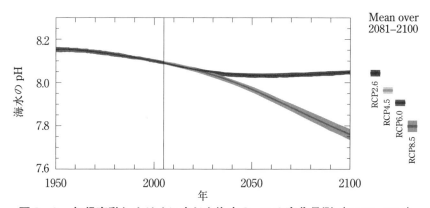

図2-6　気候変動シナリオに応じた海水の pH の変化予測（IPCC, 2015）

海洋に溶解すると考えられています。

2. 気候変化の影響

（1）生物・生態系への影響

　こうした気候変化のため，さまざまな影響が予測されています。生物や生態系は生育環境の変化となって直接の影響を受けるため影響が出やすいのですが，気候以外のさまざまな要因の影響も受けるため，気候変化の影響を確実に分離することが難しい場合もあります。

　一般に，気温上昇に伴って生物はより高緯度の，あるいは標高の高い地域に分布を移動させると考えられます。また，気温だけでなく，降水量や積雪量などの影響もあります。グローバルに見ると，北半球の高緯度地方で特に温度の影響が大きいので，生態系の分布変化も大きいと予想されています。地下に未分解の有機物を蓄積している北方針葉樹林では，温暖化によって有機物の分解が促進されたり，凍土の融解によってメタンガスが発生したりすることで温暖化を促進するとも考えられています。熱帯地域などでは，乾燥・半乾燥地域での降水分布の変化のほか，極端な乾燥によって山火事の頻度が増加し，砂漠化を促進する懸念も大きいのです（IPCC AR5）。

　日本の生物や生態系で最も気候変化に敏感なのは，サンゴ礁と高山帯の植物であると考えられています。サンゴ礁は海水温の上昇で白化が起こったり，酸性化によって生育に適さない環境に変化したりするため，分布域の変化や生態系の衰退が予想されています。酸性化はカルシウムを主成分とする，サンゴ，甲殻類およびプランクトンの殻や骨格の形成を阻害します。海水の温暖化によって，分布の北限が北に移動すると予測される一方で，酸性化は水温の高い低緯度地域でより速く進行するため，分布の南限も北に進んできます。そのため，サンゴの分布可能な海域が次第に狭まってくると予想されており，最悪の場合には今世紀末に

もサンゴの分布可能な海域が壊滅状態になるという予想もあります（環境省ほか，2018）。サンゴ礁生態系は，沿岸域でも最も生物多様性の高い生態系であり，生物多様性や生態系の保全の問題としても重要性が高いのですが，ダイビングなどの観光業や食物連鎖などを通じた漁業資源にも大きく影響します。

　日本の山岳の標高は大陸のものに比べて低く，山頂でもようやく大陸の高山帯の下限付近に相当する温度環境にあります。しかし，日本特有の積雪量の多さや冬の強風などによって森林の成立が妨げられることで，温度がやや高いにもかかわらず高山帯が成立している場合が少なくありません。したがって，わずかな温度上昇でも，多くの高山植物がその山岳での生育適地を大幅に失ってしまう可能性が高いと推定されています。高山帯だけでなく，亜高山帯林やブナ林の分布適地も温暖化によって大幅に減少すると予想されています。原生的なブナ林を理由に世界遺産に指定されている白神山地も RCP8.5 シナリオでは，ブナ林の分布に適した場所が大幅に減ってしまうと予想されています（図2-7）。

　一方，植物の開花や開葉，紅葉，あるいは動物繁殖時期などといった生物季節は，温暖化によってこれまで日本人が慣れ親しんできた季節とずれてきます。生物季節は，温度だけでなく日長によって決定されている場合もあるので，場合によっては植物の開花時期とその花粉を運ぶ昆虫の活動する時期がずれてしまう可能性もあります。また，気温変化に伴って移動能力の大きな鳥や飛翔性の昆虫が，移動速度の遅い植物よりも先に分布域を変化させてしまうことで，共生していたパートナーを失う可能性もあります。こうした変化が起こってしまうと，その影響は単独の種の分布だけでなく，生態系全体に及ぶ場合もあるでしょう。

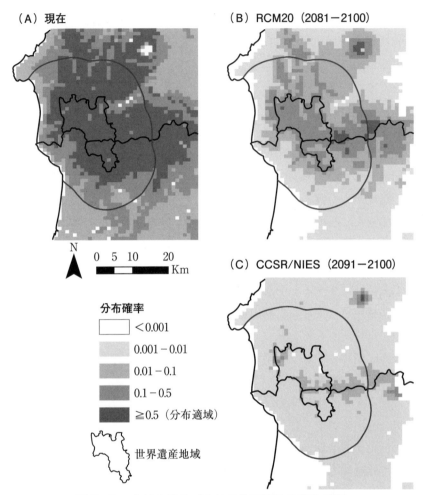

図2-7　白神山地のブナ林の分布適地の変化予測

（左上は現在の分布適地。右上はRCMモデル（2100年に2.9℃気温上昇），右下は
CCSR/NIESモデル（4.9℃上昇）の場合の分布適地を予測したもの。松井ら
（2007）を一部改変。）

（2）農林水産業

　生態系や生物多様性と同様，農林水産業に対する影響も顕著に表れやすいですが，作物や水産物の種類や品種によって，プラスにもマイナスにも影響が現われます。これまでその土地に適していた作物であっても，気温や降水量の変化によって，別の作物のほうが適している状況になったり，生産量や収穫量が変化したり，あるいは害虫などが増加したりという現象が起こるといわれています。

　温暖化によって日本のコメの収穫量は，西日本で低下し北海道などで増加すると予測されています。日本全体の収穫量は条件によってはやや増加するものの，品質の良いコメの生産量は減少すると推定されています（図2−8）。野菜などでは，生育期間が短いため，品種の選択，栽培の時期・方法の調整などによって影響を回避できるともいわれていますが，ハウス栽培などの施設栽培では暖房費用が減少するといったプラス面も指摘されています。果樹は，リンゴやミカンなどで生育地がシフトすると予測されていますが，栽培が数十年にもわたりすぐには対応できないため，影響は大きくなります。いずれの作物でも，害虫の分布変化

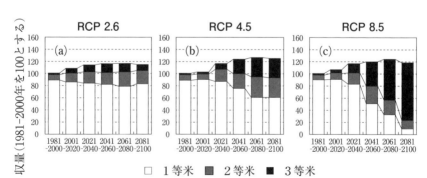

図2−8　気候変動に伴うコメ生産量の変化予測
（Ishigooka et al.（2017）を一部改変。）

によって，これまで被害を受けなかった地域に被害が生ずる懸念は大き
くなります。また，植物は二酸化炭素濃度が高くなると光合成速度も速
くなるため，高い二酸化炭素濃度では農作物の生産性も高くなるという
予想もありますが，実験によるとその効果は不確実です。畜産では，品
種や飼育方法によるものの，高温期における成長低下などが懸念されて
います（環境省ほか，2018）。

　林業では，すでに大気の乾燥化によるスギの衰退現象が報告されてお
り，今後そうした影響が強くなると予想されています。また，マツ枯れ
病は病気を起こすマツノザイセンチュウをマツノマダラカミキリが媒介
することで広がる病気ですが，温暖化によってマツノマダラカミキリの
生育環境が北上することで，病気の分布も北へ拡大すると懸念されてい
ます（環境省ほか，2018）。一方，台風の強度が増加することにより，
人工林の風害が増加することも懸念されています。

　温暖化によって海水温の変化や海流の変化が起こると，水産業への変
化も大きくなります。実際に，魚種によっては回遊域が変化するため，
これまでと異なる漁場への移動を余儀なくされたり，コンブなど海藻類
の産出量が減少したりするという予想もあります。また，魚や海藻類の
養殖では，収穫量の減少や品種・種類の変更が必要となる可能性があり
ます。

（3）自然災害の増加

　極端現象の増加は，災害の増加となって社会に影響を与えます。将来
は降水量の変動が大きくなると考えられており，極端な豪雨により，河
川氾濫や洪水，土砂災害などが増加すると予想されています。実際に，
日本でも最近数十年間で日降水量100mm以上の豪雨の頻度は増加して
います（図2-3）。たとえば，これまで50年に一度の降水量を基準にし

て堤防の高さなどの防災計画が立てられていても，それを超える豪雨が
より高い頻度で起こり，水害を防げなくなってしまいます。同様に強風
による被害も増加する可能性があります。海岸でも，温暖化に伴う海水
面の上昇に加えて，台風の大型化によって，高潮や高波の被害が増えた
り，海岸浸食が進んだりするリスクが懸念されています。一方，乾燥・
半乾燥地域では，干ばつの頻度が増加し，それによって火災の頻度や規
模が大きくなると予測されています（環境省ほか，2018）。

（4）健康（熱中症，感染症）

　健康に関しても，気候変化は地域によってプラス・マイナスの両方の
効果をもたらす可能性があります。高緯度の地域では，寒波や大雪など
の頻度減少によって，冬季の死亡率が低下すると考えられています。一
方，低緯度地域では，高温によって熱中症などの熱ストレス超過による
死亡率が高くなることが懸念されています。すでに，日本では熱中症に
よる搬送者数は増加しています。また，温度上昇によって水や食品中の
細菌類を増加させ，水系・食品媒介性感染症のリスクを増加させる可能
性も指摘されています。さらに，デング熱やマラリアなど感染症を媒介
する節足動物の分布変化によって，これらの感染症が高緯度地域に拡大
する可能性も大きくなります（環境省ほか，2018）。

（5）その他の影響

　気温の上昇，降雨量・降雪量や降水の時空間分布の変化，海面の上昇
は，自然資源（森林，雪山，砂浜，干潟等）を活用したレジャーに対す
る影響が懸念されています。積雪の減少によるスキー場の廃業，雪まつ
りにおける雪の調達コストの増加，桜の開花が早まったり紅葉の時期が
遅くなったりすること（図2-9）によるイベント計画のずれ，という

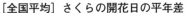

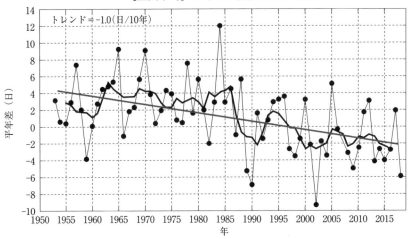

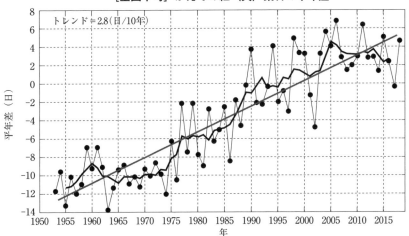

図2-9　気候変化による桜の開花日及びカエデの紅葉日の変化

（細線は平年差（観測地点で現象を観測した日の平年値（1981〜2010年の平均値）からの差を全国平均した値）を，太線は平年差の5年移動平均値を，直線は変化傾向をそれぞれ示す。気象庁（2019）による。）

ようなことが実際に起こるようになっていますが，今後の温暖化でさらにそれが進む可能性が高くなります。

そのほかにも，さまざまな分野での影響が考えられます。冬季の暖房や夏季の冷房などのエネルギー需給が変化すること，衣料や冷暖房設備など季節商品の需給変化，災害の増減による保険料率の変化など，経済的な影響も無視できません（環境省ほか，2018）。

3. 気候変化に対する取り組み

（1）緩和策と適応策

気候変化に対して，人間社会がとりうる対策は，緩和策と適応策の2つに分けられます。緩和策は，気候変化の原因となる温室効果ガスの排出をできるだけ抑制して，気候変化のスピードや程度を和らげようとする対策です。ところが，温室効果ガスの排出は世界中の社会が行っており，自分だけあるいは特定の地域だけがその排出を抑制しても，他の地域が協力しなければその効果は低いのです。したがって，ある程度の気候変化は起こるということを前提として，気候が変化した時の影響を最小化しようとする対策が適応策です。適応策は，特定の国や地域に対して行うことが可能であり，自らの計画により一定の効果が期待できます。したがって，緩和策を国際的な協調で進めながらも，適応策も進めるのが現実的といえます。

気候変動枠組条約（UNFCCC）で主としてこれまで行われてきた議論は緩和策に関するものが中心で，世界中の社会がどのように協力して温室効果ガスの排出を減少させられるかというものでした。気候変化に関するさまざまな予測や影響が明らかとなって，適応策の必要性が高まり，2010年以降国際的な議論が進み，2018年に日本でも気候変動適応法が成立しました。この法律により，国が適応計画を策定することや，定

期的な気候変化の影響評価を行うこと，その情報の収集と提供の体制などが明確になりました。

（2）気候変動に関する政府間パネル（IPCC）

　気候変動枠組条約の成立に先駆けて1988年に設立された地球変化についての科学的な研究や情報を収集・整理するための政府間機構がIPCC（International Panel on Climate Change）であり，科学的・専門的な立場から最新の知見の評価を行い，「評価報告書」を数年ごとに発行しています。この報告書には世界中の数千人の専門家が結集して，気候変化の最新状況，対策技術や政策の実現性と効果などに関する科学的知見を評価し，影響力をもった提言を行っており，2007年にはノーベル平和賞を受賞しました。

　評価報告書は3つの部会によって作成されており，第一作業部会は気候システムおよび気候変動に関する科学的知見の評価，第二作業部会は気候変動に対する社会経済システムや生態系の脆弱性，気候変動の影響および適応策の評価，第三作業部会は温室効果ガスの排出抑制および気候変動の緩和策の評価を担当しています。

（3）気候変動枠組条約（UNFCCC）

　1994年に発効した多国間条約であり，気候変化に対する国際的な取り決めの中心となってきたのが気候変動枠組条約（United Nations Framework Convention on Climate Change：UNFCCC）です。EUを含む197の国と地域（2015年）が加盟しています。1997年に京都で開催された第3回締約国会議（COP3）では，2008-2012年の期間中に，先進国全体の温室効果ガスの合計排出量を5％削減（1990年を基準）することを目的する京都議定書が定められましたが，実際にはうまく機能しませんで

した。その後，2016年にパリで開催されたCOP21では，各国が2020年
以降の国別削減目標を定めるというパリ協定が合意されています。この
中で日本は，2005年比で25.4％の削減を公言していますが，EUの40％
などと比較すると取り組みは弱いといえます。

　また，京都議定書の中では，「クリーン開発メカニズム（Clean Devel-
opment Mechanism：CDM）」とよばれる先進国が途上国を支援するこ
とで削減できた温室効果ガスを援助した先進国のクレジットとして認め
るなど，排出量取引を認める方向性が合意されました。その中には，森
林を植林することで吸収される二酸化炭素量などを考慮する吸収源活動
も認められました。その後，2005年のCOP11では，植林だけでなく途
上国の森林の伐採や劣化を回避することで排出量の削減，「途上国の森
林減少・劣化に由来する排出の削減（Reducing Emissions from Defor-
estation and Forest Degradation in Developing Countries：REDD）」も
合意されています。その後COP13では，REDDは持続的森林管理と組
み合わせた制度（REDDプラス）に発展していきます（第4章参照）。
この中では，単に二酸化炭素の吸収源としてだけでなく，森林生態系の
もつ生物多様性の保全や現地住民への配慮などの基準を満たしたことを
条件に（セーフガード），クレジットとして認められるのです。

（4）気候変動緩和に関する経済的メカニズム

　2000年代後半以降，気候変動の緩和策を経済的メカニズムで進めよう
とする動きも顕著になってきます。2006年に公表されたスターンレビュ
ー（Stern，2007）は，進行中の気候変動問題に対策をとらなかった場
合のリスクと費用の総額は将来的に世界の年間GDPの5％強に達し，
波及的な影響も入れると損失額はGDPの20％に達する可能性がある，
と警告しました。しかし同時に，早期に年間GDPの1％程度のコスト

をかけて対応策をとることによって，この損失を避けることができると述べ，早期の対策の重要性を主張しました。

　2006年，国際連合は投資家がとるべき行動として責任投資原則（Principles for Responsible Investment：PRI）を打ち出し，従来の財務情報だけでなく，環境（Environment）・社会（Social）・ガバナンス（Governance）要素も考慮したESG投資の観点から投資するよう提唱しました。2010年代に入って，環境，社会，企業統治を重視することが，結局は企業の中長期的成長や持続可能性につながり，投資家にとっても財務指標からは見えにくいリスクが排除できるため，株価も安定するという発想に基づいています（第4章参照）。そのため，企業に対して債務情報以外にも，温室効果ガスの排出量やその削減に対する取り組みを公表することが求められるようになりました。近年では，温暖化を1.5℃以内に抑えるという目標に対して，温室効果ガスの排出量を実質ゼロにするという目標などを自発的に宣言する自治体や企業も増えています。

（5）適応策

　温室効果ガス削減のための対策が進んでも，その濃度は増加し続けており，適応策が現実的な問題となっています。2010年カンクンで行われた第16回気候変動枠組条約締約国会議（COP16）で合意された「カンクン適応枠組み」や2015年のパリ協定などで，すべての締約国における適応策の強化がうたわれています。日本では，2018年に気候変動適応法が制定され，気候変動シナリオによる予測に基づいて，ハードウエア，ソフトウエアの両面を含む対策の策定が進められています。

　農林水産業では，栽培や養殖などにおける品種や栽培・飼育方法による対策，漁場の変更などが主要な対策として検討されています。自然災害に関しては，予想される極端現象に対して脆弱な地域の検出，防災施

設の増強や避難計画の見直しが策定されています。また，生物・生態系に関しては，保護地域の見直し，現地外保全を含む種の保護・増殖技術開発，予測に応じた管理手法などが策定され始めました。一方，防災に関してはこれまでのような人工構造物による適応策だけでなく，生態系を利用したグリーンインフラの考え方（第 4 章参照）も議論されるようになりました。都市の温暖化に関しては公園などのもつ気候緩和効果の利用や，水害に対しては堤防だけでなく遊水地や湿地を利用した防災を行うなどの手法が具体的に考えられ始めています。こうしたグリーンインフラは，温暖化の適応だけでなく，そのほかの多面的効果（生態系サービス）も期待できる手法です。

　いずれにしても，効果的・効率的な適応のためには，①脆弱性評価，モニタリング等の成果を活用すること，②多様な適応策オプションを組み合わせること，③短期・長期の両方を視野に入れ，適応策の対応できる環境の幅と余裕幅を考慮すること，④ほかの地域計画など，既存の政策に組み込むこと，⑤自然や社会経済をより柔軟で対応力のあるシステムに変えていくことなどが重要である，とされています(環境省, 2008)。

参考文献

マーク・モラノ（2019），『地球温暖化の不都合な真実』（渡辺正訳）日本評論社.

環境省（2008），『気候変動への賢い適応—地球温暖化影響・適応研究委員会報告書—』.（インターネットでダウンロード可）

環境省・文部科学省・農林水産省・国土交通省・気象庁(2018)，『気候変動の観測・予測及び影響評価統合レポート2018』.（インターネットでダウンロード可）

引用文献

IPCC (2013), *Climate Change 2013 : The Physical Science Basis*, Contribution of Working Group I to the Fifth Assessment Report of the Intergovernmental Panel on Climate Change [Stocker, T.F., D. Qin, G.-K. Plattner, M. Tignor, S.K. Allen, J. Boschung, A. Nauels, Y. Xia, V. Bex and P.M. Midgley (eds.)], Cambridge University Press, Cambridge, United Kingdom and New York, NY, USA, 1535 pp.

気象庁 (2019),『気候変動監視レポート2018』.

Stern, N. (2007), *The Economics of Climate Change : The Stern Review,* Cambridge University Press.

環境省 (2008),『気候変動への賢い適応―地球温暖化影響・適応研究委員会報告書―』.

環境省・文部科学省・農林水産省・国土交通省・気象庁(2018),『気候変動の観測・予測及び影響評価統合レポート2018』.

Ishigooka, Y., Fukui, S., Hasegawa, T., Kuwagata, T., Nishimori, M. and Kondo, M. (2017), "Large-scale evaluation of the effects of adaptation to climate change by shifting transplanting date on rice production and quality in Japan," *Journal of Agricultural Meteorology* 73 (4) : 156-173, 2017.

松井哲哉・田中信行・八木橋勉 (2007),「世界遺産白神山地ブナ林の気候温暖化に伴う分布適域の変化予測」『日本森林学会誌』89, 7 -13.

学習課題

【問題1】
　気候変化によって，どんな問題が起こるのか整理してみなさい。

【問題2】
　世界中が協調して気候変化を抑えるには，どんな仕組みが有効か考えてみなさい。

【問題3】
　気候変化の適応策として日常生活の中で何ができるか，考えてみなさい。

3 | 生物多様性と生態系サービス

中静　透

《この章のねらい》　生物多様性が劣化する現状とその原因が人間の土地利用や過剰な生物資源の利用，農林水産業のやり方の変化や外来生物などにあること，その影響が生態系サービスの劣化を通じて人間社会に影響を及ぼしていること，さらに，その対策などを理解していきます。

《キーワード》　生物多様性，土地利用，里山，外来生物，生態系サービス

1．生物多様性の変化

（1）生物多様性問題とは

　生物多様性とは「すべての生物（陸上生態系，海洋その他の水界生態系，これらが複合した生態系，その他のさまざまな生育の場をすべて含む）がいろいろな変異をもつこと。種内の多様性，種間の多様性，および生態系の多様性を含む。」と定義されています（生物多様性条約の定義）。一般には，種の多様性だけが重要と考えられがちですが，種内の多様性（遺伝的多様性）や生態系の多様性も生物多様性の重要な一部です。

　遺伝的多様性の低い状態とは，例えば特定の病気に弱い個体や，特定の天敵に襲われやすい個体だけで集団が構成されているような状況を指しています。こういう集団では，病気が蔓延したり天敵が増えたりすると集団が絶滅しやすくなります。同種の生物は繁殖時に個体間の遺伝子交換を行うことで，遺伝的な多様性を高め，こうしたリスクを避けて種

を存続させてきました。

　また，生物の種は，その種1種だけで生きてゆくことはできません。その生物種の餌となる生物が必要であり，その餌となる生物にもさらに餌とする生物が必要です。仮に植物であっても，花粉を運ぶ昆虫や種子を散布させる鳥と共生している種も多く，これらのパートナーとなる種がいないと生物種として存続できません。生物はそうした種と種の間の多様なつながり（相互作用）の中で生きているのです。

　さらに，種によっては，餌をとる場所（生態系）や営巣をする場所が異なっている生物もあり，幼生の時と成体になった時とで生育する生態系が異なっている生物もいます。このような種にとっては，多様な生態系や環境があることが種を存続させるために必須の条件となります。したがって，単純に種だけが多様であればいいというわけではなく，こうした遺伝子・生物種・生態系の間のつながりの多様性が重要なのです。

（2）生物多様性の減少と劣化

　自然の中では，こうした相互作用の中で生きている生物も，近年の人間による環境改変の中で大量の種の絶滅が起こり，遺伝的多様性や生態系の多様性も劣化しています。ヨーロッパ人の入植以来，アメリカ大陸やオーストラリア大陸でかなり多くの種の絶滅が知られていますし，日本でも，ニホンオオカミ，ニホンカワウソなどが18世紀以降に絶滅しており，これまで動物，植物，菌類などを合計して110種が絶滅したと推定されています（環境省レッドリスト2019）。また，コウノトリ，トキなどのように，日本の野生集団が絶滅したあと国外の個体を増殖させて再導入された例もあります。

　絶滅にはいたっていないまでも，個体数が非常に少ない，あるいは急速に減少して，このままの状態が続くと種の存続が危ぶまれるものを絶

滅危惧種とよびます。最近行われた地球規模のアセスメントでは，生物多様性の劣化はまだ依然として進んでおり，約100万種が絶滅危惧状態にあると推定されています（IPBES, 2019）。日本でも，環境省（2019）のレッドリスト（絶滅危惧種のリスト）では，動物1410種，維管束植物1786種，藻類・菌類など480種の合計3676種が絶滅危惧種とされています。分類群ごとに見ると，維管束植物約7000種のうち約25％，哺乳類の約20％，鳥類の14％，爬虫類の37％，両生類の38％，淡水魚類の42％が絶滅危惧に陥っていることになります。

2. 生態系サービスとその変化

（1）生態系サービスとは

　生物多様性や生態系は人間社会にさまざまな利益（生態系サービス）をもたらしており，生物多様性の劣化は人間生活にも影響を及ぼします。生態系サービスは，森林や農地に対して用いられる「多面的機能」という語とほぼ等しい意味で用いられ，近年では人間社会にプラスの面だけでなくネガティブな面も考慮したり，必ずしも経済的に評価できない面も含めたりするという意味で，「自然がもたらすもの（Nature's Contribution to People：NCP）」などという言い方もされています（IPBES, 2019）。

　生態系サービスは，供給，調整，文化の３種類に分類されるのが一般的です（図3-1）。供給サービスは，食糧，木材，水，化学物質，遺伝資源などの物質を供給するサービスをいい，調整サービスは，気候や洪水などの制御，病気や害虫の制御，花粉媒介，水質の浄化・無毒化など，生態系や生物のプロセスを制御することで人間社会に利益を生むサービスです。文化サービスは，レクリエーションや美的な利益，発想や教育，象徴性（シンボル）など精神的・文化的な面での利益を指してい

供給	調整	文化
生態系が生産するモノ（財）	生態系のプロセスの制御により得られる利益	生態系から得られる非物質的利益
食糧 水 燃料 繊維 化学物質 遺伝資源	気候の制御 病気の制御 洪水の制御 無毒化 送粉	精神性 レクリエーション 美的な利益 発想 教育 共同体としての利益 象徴性

支持基盤
他のサービスを支える生態系の機能 土壌形成 栄養塩循環 一次生産

図3-1　生態系サービスの分類

（Millennium Ecosystem Assessment（2005）を一部改変。）
＜出所＞ミレニアム生態系アセスメント。(http://www.millenniumassessment.org/en/about.slideshow.aspx)

ます。

　生態系サービスの中には，生物多様性と関係の深いものもあれば，あまり関係が明確でないものもあります。例えば，供給サービスについては，木質資源であれば何でもよいということになると，成長が早く市場において高値で取引される樹種を大量に植えたほうがよいし，農作物でも味がよく生産性の高い品種を大量に栽培したほうがよいのです。しかし，さまざまな食材を用いて毎日の変化ある食事をしたり，熱帯林の多様な動植物に含まれる多様な化学物質を利用して薬品を開発したりというような場合には生物多様性が重要です。つまり，単一の性質をもつ材

料を大量に必要とする場合よりも，さまざまな性質をもつ材料が必要な場合に生物多様性が必要なのです。

　調整サービスについても，例えば森林生態系があることで土砂の流失を防いだり，気候を和らげたりという効果を考えると，生物多様性の低い単一種の人工林でも，生物多様性の高い自然の森林でも同様の効果が期待できます（生物多様性の高い森林のほうが若干高いという議論はあります）。しかし，害虫や病気の大発生は生物多様性の低い生態系でより起こりやすくなります。近年は，集約的な農業（種や遺伝的多様性の低い作物や家畜の大量栽培・飼育），土地利用などが人獣共通感染症を増加させているという報告もあります。また，農作物の花粉を運ぶ昆虫などは，生物多様性の高い生態系の存在が必要です（図3-2）。つまり，水・温度などの物理的な調整よりも，生物的な調整サービスにおいて生物多様性はより重要といえます。

　文化サービスに関していうと，レクリエーションや美しい風景などを楽しむ場合や自然教育，エコツーリズムなどを行う場合には生物多様性の高い生態系が重要であり，緑地や自然の多い環境は人間の健康状態にも影響があるということが知られています（図3-3）。地域のシンボルやデザインなどにはその地域特有の生物がたくさん使われています。また，最近では生物がもつさまざまな性質を工業製品に利用するバイオミメティクスという製品開発手法などもあります。したがって，文化サービス全般に生物多様性は重要な役割を果たしています。

　このように，生物多様性が関係する生態系サービスによって，私たちの生活が物質的にも文化的にも豊かになり，安全で安心な生活が送れているのです。

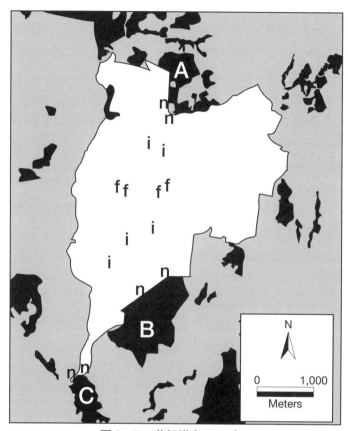

図3-2　花粉媒介サービス

（コスタリカのコーヒー園ではハナバチが花粉を運ぶが，その飛翔
範囲は巣から約 1km といわれており，巣は森林内（黒い部分）に
あるため，広大な農場（白い部分）の中心部に到達する個体が少な
い。農場の周辺に約 20ha の森林を残すか残さないで，収入に年間
で 60,000\$ くらいの差がある。（ハナバチの巣のある森A，B，Cに
対し，3つの観測点（n：巣の近く，f：巣から遠い，i：nとf
の中間）を設定し，A，B，Cからn，f，iに到達するハナバチ
の個体数と結実率を測定した。）Rickett et al.（2004）を一部改変。）

＜出所＞ Rickett et al.（2004）PNAS 101, 12579–12582.

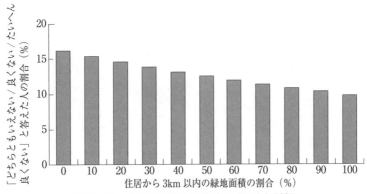

図3-3　都市の緑地が健康に及ぼす影響
（オランダでの25万人に対するアンケートで健康状態（たいへん良い／良い／どちらともいえない／良くない／たいへん良くないの5段階）を問い，居住地周辺の緑地面積の割合と関係づけた。Maas et al.（2006）を一部改変。）

＜出所＞ Maas et al.（2006）Green space, urbanity, and health : how strong is the relation? J Epidemiol Community Health 60, 587-592.

（2）生態系サービスの変化

　世界全体で見ると，生物多様性や生態系の劣化とともに最近数十年間で，これらの生態系サービスも劣化しています（Millennium Ecosystem Assessment, 2005；IPBES, 2019）。最近のアセスメントでは，エネルギー，食糧，木材資源などの供給サービスは増加しているものの，他のサービスは低下しつつあることが明確となりました（IPBES, 2019）。日本においては，①50年前から20年前と②20年前から現在の2つの期間で評価が行われており，①の期間では高度成長期の土地利用や経済状況を反映して，特用林産物，水産物の供給や観光・レクリエーションが増加したものの，他は横ばいか減少という評価でした。②の期間では，増加した生態系サービスはなく，すべての生態系サービスが横ばいか減少

		評価結果		享受している量の傾向	
		過去50年〜 20年の間	過去20年〜 現在の間	定量評価結果	
供給サービス	農産物	↓	↘	増加	↑
	特用林産物	↗	↘	やや増加	↗
	水産物	↗	↘	横ばい	→
	淡水	―	→	やや減少	↘
	木材	↘	→	減少	↓
	原材料	↘	→	定量評価に用いた情報が 不十分である場合	
調整サービス	気候の調節	―	↘	増加	[↑]
	大気の調節	―	→	やや増加	[↗]
	水の調節	―	[↘]	横ばい	[→]
	土壌の調節	→	―	やや減少	[↘]
	災害の緩和	[↗]	[→]	減少	[↓]
	生物学的コントロール	―	[↘]		
文化的サービス	宗教・祭り	↓	↘		
	教育	↘	→		
	景観	―	↘		
	伝統芸能・伝統工芸	↘	↘		
	観光・レクリエーション	↗	↘		
ディスサービス	鳥獣被害	―	↗		

図3-4　日本の生物多様性総合評価における生態系サービスの変化
（高度成長期およびバブル期（過去50-20年前）と最近20年とを分けて評価
してある。破線で囲った矢印は客観的データが少ない場合で専門家による
評価。）
＜出所＞ 環境省・生物多様性及び生態系サービスの総合評価に関する検討会
(2016) を一部改変。

という評価でした。むしろ鳥獣被害のような負のサービスが増加してい
たのです（図3-4）。
　つまり，グローバルな経済成長が進んだ最近数十年間に，生態系サー

ビスの中でも，生物多様性がより重要な役割をはたすものの劣化が進んできたといえます。

3. 生物多様性の衰退を引き起こす原因

（1）直接要因と間接要因

　種の絶滅をはじめとした生物多様性の減少・劣化をもたらす要因には直接要因と間接要因があります。直接要因として，生物多様性条約やIPBESでは，①陸と海の利用の変化，②生物の直接的採取，③気候変動，④汚染，⑤外来種の侵入が５つの重要な要因としてあげられています。これに対して，間接要因とは，①人間社会の生産・消費パターン，②人口動態，③貿易，④技術革新，⑤地域から世界的な規模でのガバナンスというように，人間社会全体のより普遍的な活動を指し，直接要因を生み出す根本的な原因となっています（IPBES, 2019）。また，これらの間接要因は生物多様性以外のさまざまな環境問題についても大きく関係しています。

　日本では，直接要因に関して国際的な分類とは少し異なった４つの危機という形で整理をしています。第１の危機は開発・乱獲など人の過剰利用であり，第２の危機は人の生活様式・生態系管理の変化，第３の危機は外来種問題，化学物質による影響，第４の危機は温暖化，降水量の変化，海の酸性化などです（生物多様性国家戦略）。この中で，第２の危機は日本に特徴的な要因といえますが，急速に農林水産業の手法が変化する中で，伝統的手法に適応した生物多様性が劣化しているというものです。第１の危機が生物多様性や生態系のオーバーユース（過剰利用）とすれば，第２の危機はアンダーユース（過小利用）だという言い方もできます。

（2）直接要因と生物多様性の変化

　第1の危機としては資源の過剰利用や開発などが重要な要因ですが，戦後から高度成長期やバブル期にかけて，自然生態系や生息域を大きく減少させました。現在ではそのころに比べると生物多様性に対する負荷はやや小さくなっています。一方，動植物の乱獲は現在も続いており，特に開発などによってすでに生息域を大きく減少させてしまった種にとっては，大きな絶滅リスクとなっています。

　第2の危機は，伝統的な農林水産業の方法や生活様式に適応していた種が，現代的な手法が広がる中で絶滅の危機にあるものです。例えば，定期的な伐採や落ち葉掻きが行われていた薪炭林が針葉樹の人工林に転換されたり，農耕用の牛馬を飼わなくなり，茅葺の屋根がなくなって半自然草地が減少したり，田んぼの灌漑方式が変化したりというような理由で，それまで身近に生息していた生物の生息する環境が失われてきました（表3-1）。こうした変化は，一般的に里地・里山の生物の減少とよばれますが，現在も進みつつあり，日本の絶滅危惧種の約30％がこの要因によるものだといわれています。

　第3の危機は，外来種や化学物質など，人間が持ち込んだものによって引き起こされる危機であり，特に外来種の圧力は，人間活動のグローバル化に伴って，拡大しつつあります。外来種は，日本に生息する生態的に似ている種に置き換わったり，近縁種と雑種を作ったりすることで日本の在来種を駆逐するだけでなく，農作物の害虫となったり，人間を含む生物の病気などを持ち込んだりすることが知られており，人間社会にも大きな影響を与えています。

　第4の危機は，気候変動に伴う危機であり，現在までさまざまな生物多様性に対する影響が知られているものの，むしろ将来的に大きな危機になると予測されています。特に，サンゴ礁や高山の動植物などでは絶

表3-1　里地・里山の農林業の変化が生物多様性に与えた影響

(畑田ほか（2013）を改変)

	社会・農林業の変化	生物多様性・生態系の変化
森林の変化	燃料革命　薪から化石燃料へ	二次林の伐採放棄
	戦後復興で木材需要が増加	スギ・ヒノキ植林地の拡大
	安い外国材の輸入	植林地の管理放棄・荒廃
	腐葉土から化学肥料へ	林床の管理放棄
湿地・草地の変化	屋根は萱葺きからトタン・瓦に	カヤ場の消失・二次林化
	減反政策，圃場整備	圃場の減少・乾田化
	田畑での農薬の使用	生物のすめない環境へ

<出所> 畑田彩・中静透・神山千穂・竹本徳子（編）（2013）生物多様性の未来にむけて　東北大学大学院生命科学研究科生態適応センター。http://meme.biology.tohoku.ac.jp/gema/Documents/textbook2/

減リスクが大きいと考えられており（第2章参照），地域の観光などにも影響が懸念されています。

4.　生物多様性の変化に対する取り組み

（1）生物多様性条約と生物多様性基本法

　こうした危機に対して，1993年に生物多様性条約が多国間条約として成立しました。生物の保全だけが目的の条約と思われがちですが，そのほかに，生物の持続的利用，生物多様性がもたらす利益の衡平な配分という3つの目的をもっています。

　上述のような生物多様性の劣化を招いている人間活動や生態系サービスを考えると，農林水産業をはじめとする生物多様性の持続的な利用が社会にとっても利益が大きいのです。現代は，食糧や木材などさまざまな生物起源の資源や製品を輸出しており，それが生物多様性の危機にも

生態系サービスにも関係しているため，国際的な取引きを含めてこの問題を考える必要があります。

　また，生物多様性の遺伝資源としての利用に注目すると，途上国で保全されてきた遺伝資源を利用して薬品などの開発ができるのは先進国であり，その利益も先進国が独占する場合があります。そうすると，生物多様性を利用して開発された製品による利益が，その源である途上国に還元されないという不衡平な状況を作り出すことになります。したがって，こうした遺伝資源の利用（アクセス）と利益の配分（ベネフィット）のルールを定めようとするのが，ABS（Access and Benefit Sharing）であり，その結果2010年に定められたのが名古屋議定書です。

　もともと，渡り鳥など広域に移動する動物が存在する他，外来種の問題もあり，さらにこうした貿易を通じた要因や生態系サービスの問題があるため，国際的な条約として生物多様性条約が締結されました。生物多様性条約を受けて，日本でも1995年に生物多様性国家戦略が定められ，これまで4回改訂されています。また，2008年には生物多様性基本法が成立し，生物多様性の保全と利用に関する基本原則や国が講ずべき基本的施策が省庁を超えて定められています。

（2）IPBES：科学的なアセスメント

　気候変動に対してIPCCがあるように，生物多様性に関しても科学的なアセスメントをし，報告をするという組織がIPBES（Intergovernmental Platform for Biodiversity and Ecosystem Services）であり，世界中の研究者が参加して2012年に設立されました。生物多様性および生態系サービスに関するアセスメントをグローバルに行い，シナリオによる予測も行っています。これまで，アフリカ，アメリカ，アジア太平洋，ヨーロッパ，中央アジアの地域ごとのアセスメントのほか，2019年にはこれ

らを総合したグローバルアセスメントの概要版が出版されています。そのほかにも，花粉媒介，土地利用，外来生物などテーマ別のアセスメントも行われています。

（3）生態系サービスの経済価値

　食糧や木材など，市場価値も明確で社会的に認知されている生態系サービスもありますが，気候や洪水の制御などのように効果は認められていても経済的な価値があまり認められていないものがあります。文化サービスの中でもレクリエーションや観光的な価値はある程度認められていますが，象徴性などのように地域の歴史や文化的背景によって価値が異なるものもあります。いずれにしても，市場で価値を持つ生態系サービスは少数派であり，多くは自然から無償で得られるとみなされてきたものが多かったのです。

　こうした状況の中で，2010年ころから生態系サービスや生物多様性の経済価値を評価して，意思決定に活かそうという動きが顕著になっています（TEEB，2010）。特に，企業活動などは，経済評価なしには持続的利用や保全のための行動を計画できない側面がありますし，新たな政策のために生態系サービスの経済評価が必要となるケースがあります（後述）。これまで世界各地の生態系について経済評価が行われましたが，サンゴ礁や沿岸域の生態系の評価が高く，外洋や草原などの評価は低いです（図3-5）。

（4）生態系サービスに対する支払い

　こうした生態系サービスの経済評価などを行うことで，これまでややもすると無償と考えられてきた生態系サービスについても，それを有償と考え，その対価を支払う仕組みを構築することで持続的な管理を達成

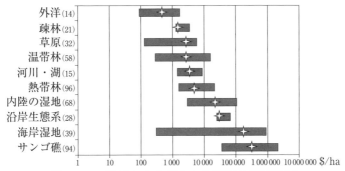

図3-5　世界のさまざまな生態系の経済評価
（Russi et al.（2013）を一部改変。これまでに行われた経済評価の平均値
（☆）とその範囲を示す。生態系の後ろの（　）は事例数を示す。）
＜出所＞ Russi D., ten Brink P., Farmer A., Badura T., Coates D., Förster J.,
Kumar R. and Davidson N.（2013）The Economics of Ecosystems and Biodi-
versity for Water and Wetlands. IEEP, London and Brussels ; Ramsar Secre-
tariat, Gland.

しようとする，生態系サービスに対する支払い（Payment for Ecosys-
tem Services：PES）という考え方が出てきました（図3-6）。

　図3-6に見るように，集約的な生態系の利用においては，所有者あ
るいは管理者の生態系管理が生物多様性や生態系サービスに配慮しない
ため，生態系サービスは小さく，逆に社会的コストが大きくなります
（図の左側）。しかし，生物多様性や生態系に配慮した利用（図の右側）
では，得られる生態系サービスが大きくなり，社会的コストが減少しま
す。増加した生態系サービスの対価を支払ってもらえれば，生態系の所
有者（管理者）の収益も集約的利用の場合よりも増加する可能性があり
ます。

　広い意味の PES としては，認証制度や森林環境税，REDD プラス，
生物多様性オフセットなどがすでに行われています。認証制度は，生物
多様性や生態系サービスに配慮した農林水産物の生産に対して認証を与

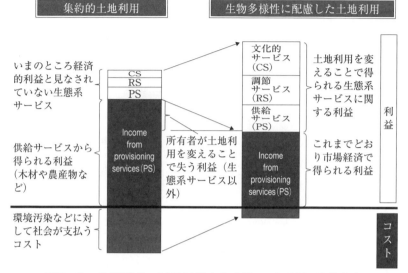

図3-6　生態系サービスに対する支払い（PES）の考え方
（生態系に配慮した土地利用では，生態系サービスが増加し，社会的コストが
減少する。生態系サービスの対価が支払われると，生態系の所有者の収益も
増加する可能性がある。）
<出所> TEEB（2011）を一部改変。

えてラベリングし，消費者が認証を受けた製品を選ぶことができるよう
にする仕組みです。生物多様性や生態系サービスに対する配慮をするこ
とで生産コストが高くなりますが，その部分を消費者が支払うことにな
ります。木材やさまざまな農産物，水産物などに国際的な認証制度がす
でに設立されています。

　森林生態系の生み出す生態系サービスの対価を流域や地域全体の住民
から税金の形で徴収し，それを生態系の管理コストとして森林所有者や
管理者に還元する方法が森林環境税，あるいは水源税などとよばれる制
度です。日本ではこれまで，都道府県などの目的税として行われてきま

したが，2019年度に全国的に導入されました（第4章参照）。

　森林造成によって森林が吸収する二酸化炭素を森林吸収源クレジットとするだけでなく，森林の伐採や劣化を防ぐことで二酸化炭素の排出を抑制したことに対してのクレジットがREDD（Reducing Emission from Deforestation and Degradation）ですが，その際に生物多様性や生態系サービスに対する配慮を条件とするしくみがREDDプラスです（第2章，第4章参照）。これは，気候変動の緩和策と生物多様性の保全という両方にとって効果のある方法と考えられています。

　ある地域を開発して生態系を損なう場合，損なう生態系と同等の生態系を復元するかあるいはそのコストを支払うという制度が生物多様性オフセットで，例えば，ある企業が森林を伐採して工場などを建設する場合，損なわれる森林がもつ生物多様性と同等の森林を復元することを条件に開発が許可されます。日本では，まだ導入されていませんが，米国などでは，あらかじめ復元作業を行っておき，復元された土地を開発する企業などに売却するという，ミチゲーションバンキングというシステムが行われている場合もあります。

　そのほかにも，緑化など生物多様性保全に貢献する開発を行う業者や個人に対して金融機関が融資する場合に金利を低くするなどの試みも行われています。

参考文献

畑田彩・中静透・神山千穂・竹本徳子（編）（2013），『生物多様性の未来にむけて』東北大学大学院生命科学研究科生態適応センター．http://meme.biology.tohoku.ac.jp/gema/Documents/textbook2/

柴田晋吾（2019），『環境にお金を払う仕組み―PES（生態系サービスへの支払い）が分かる本―』大学教育出版.

イボンヌ・バスキン（2001），『生物多様性の意味』ダイヤモンド社.

引用文献

畑田彩・中静透・神山千穂・竹本徳子（編）（2013），『生物多様性の未来にむけて』東北大学大学院生命科学研究科生態適応センター．http://meme.biology.tohoku.ac.jp/gema/Documents/textbook2/

IPBES（2019），*Summary for policymakers of the global assessment report on biodiversity and ecosystem services of the Intergovernmental Science-Policy Platform on Biodiversity and Ecosystem Services*, S. Díaz, J. Settele, E. S. Brondízio E.S., H. T. Ngo, M. Guèze, J. Agard, A. Arneth, P. Balvanera, K. A. Brauman, S. H. M. Butchart, K. M. A. Chan, L. A. Garibaldi, K. Ichii, J. Liu, S. M. Subramanian, G. F. Midgley, P. Miloslavich, Z. Molnár, D. Obura, A. Pfaff, S. Polasky, A. Purvis, J. Razzaque, B. Reyers, R. Roy Chowdhury, Y. J. Shin, I. J. Visseren-Hamakers, K. J. Willis, and C. N. Zayas（eds.）, IPBES secretariat, Bonn, Germany. 56 pages.

環境省・生物多様性及び生態系サービスの総合評価に関する検討会（2016），『生物多様性及び生態系サービスの総合評価報告書』.

環境省（2019），『レッドリスト2019』．http://www.env.go.jp/press/106383.html

Maas et al.（2006），"Green space, urbanity, and health : how strong is the relation?," *J Epidemiol Community Health* 60, 587-592.

Millennium Ecosystem Assessment（2005），*Ecosystems and Human Well-being : Synthesis*, Island Press, Washington, DC.

Rickett et al.（2004），"Economic value of forest to coffee production," *PNAS* 101, 12579-12582.

Russi D., ten Brink P., Farmer A., Badura T., Coates D., Förster J., Kumar R. and

Davidson N.（2013），*The Economics of Ecosystems and Biodiversity for Water and Wetlands*, IEEP, London and Brussels ; Ramsar Secretariat, Gland.

生物多様性国家戦略2012-2020『～豊かな自然共生社会の実現に向けたロードマップ～』．https : //www.biodic.go.jp/biodiversity/about/initiatives/files/2012-2020/01_honbun.pdf#search='%E7%94%9F%E7%89%A9%E5%A4%9A%E6%A7%98%E6%80%A7%E5%9B%BD%E5%AE%B6%E6%88%A6%E7%95%A5'

TEEB（2010），*The Economics of Ecosystems and Biodiversity Ecological and Economic Foundations*, Edited by Pushpam Kumar, Earthscan, London and Washington.

TEEB（2011），*The Economics of Ecosystems and Biodiversity in National and International Policy Making*, Edited by Patrick ten Brink, Earthscan, London and Washington.

学習課題

【問題１】

生物多様性の減少によってどんなことが起こるのか，まとめてみなさい。

【問題２】

里山の生物が減少するのはなぜか，考えてみなさい。

【問題３】

生物多様性や生態系を経済評価することにはどんな意味があるか，考えてみなさい。

4 | 森林の持続的利用

中静　透

《この章のねらい》　森林生態系の人間による利用が引き起こしたさまざまな
問題の現状とその影響，対策について概観します。さらに，気候変動と生物
多様性の両方にまたがる問題の解決についての具体的な取り組みなどを理解
します。

《キーワード》　熱帯林の減少，違法伐採，森林管理，野生生物問題，REDD
プラス，認証制度，森林環境税

---

1. 森林の減少と劣化

（1）世界の森林の減少

　森林は伐採されても，自然に回復したり，人間が再造林をしたりする
ことで再生します。こうした回復力を超えて森林が伐採されたり，森林
以外の土地利用に転換されたりすることによって，森林が衰退・減少し
ます。

　世界農業機関（Food and Agriculture Organization of United Nations：
FAO）の統計では，森林面積は1990年の41.3億 ha（地球上の陸地の
31.6％）から2015年には40.0億 ha（30.6％）へと減少が続いているも
のの，その減少率は1990年代の0.18％／年から0.08％／年へと低下して
います（FAO，2015）。森林の減少は特に南米とアフリカではいまだに
大きいですが，中国やインド，ベトナムなどでは人工林の植林によって
2000年以降森林面積はむしろ増加しつつあります（図4−1）。

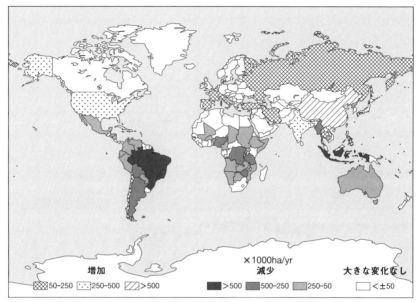

図4-1　1990-1950年における森林面積の年間増減量
（FAO（2016）を一部改変。）

（2）日本の森林問題

　日本の森林面積は国土の67％であり，フィンランドやブラジルと並んで，世界でも最も高い割合となっています。しかし，人口が多いので，1人当たりの森林面積にすると0.2haしかなく，世界平均（0.6ha）よりもかなり低いです。日本の森林面積は，明治時代以降大きな変化をしていないか，むしろやや増加していますが（図4-2），その中身は大きく変化しています。第二次世界大戦後の復興やその後の高度成長期に，原生林とよばれるような人間の影響の少ない森林が大量に伐採されたり，それまで薪炭林として利用されていた広葉樹の二次林が伐採されたりしたあとに，本州以南ではスギ・ヒノキ，北海道ではトドマツなど針葉樹

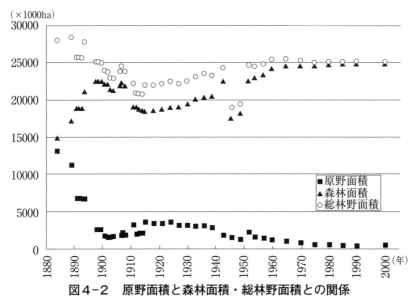

図4-2　原野面積と森林面積・総林野面積との関係

（日本の森林面積の変化。原野とは草原あるいは低木状の植生として比較的長く維持されている場所を指す。『林野面積累年統計』（林野庁経済課 1971）などをもとに作成。）

＜出所＞ 小椋純一（2012）「森と草原の歴史」古今書院。

の人工林が造成されたためです。現在では，日本の森林の40％が人工林ですが，世界では5％ほどにすぎません。

2.　森林の減少・劣化の原因

（1）木質資源の利用

　木質資源はさまざまな形で利用されますが，世界全体で見ると約半分が薪炭材として使われています。特に途上国では薪炭材として使われる木質資源の割合が大きくなります。人口が増加する一方，化石燃料を購入する経済力のない国では，エネルギーの多くの部分を森林が担ってお

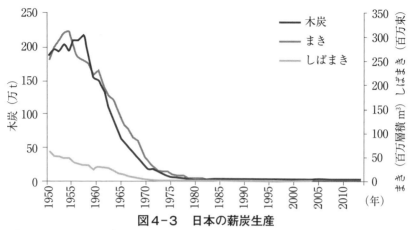

図4-3　日本の薪炭生産

<出所> 環境省・生物多様性及び生態系サービスの総合評価に関する検討会（2016）生物多様性及び生態系サービスの総合評価 報告書。

り，そのための森林減少も問題となっています。日本でも1950年代までは年間200万トンを超える薪や炭の生産がありましたが，1980年以降はエネルギー革命により，ほとんど生産されなくなっています（図4-3）。

　一方，先進国の用材需要は大きく，1980年代までの森林減少の重要な要因でした。丸太については，1990年代まで日本が最大の輸入国でしたが，2000年代に入って中国が最大の輸入国になっています。また，輸出国としては1980年代まで東南アジア諸国が多かったのですが，1990年代に入るとロシアが最大となります。製材では，一貫して米国が最大の輸入国であり，カナダが最大の輸出国です。

　途上国の場合，政府や地方政府が森林を所有する場合が多く，伐採会社が伐採権（コンセッション）を政府から購入して伐採するケースが一般的でした。地域住民は伝統的には焼き畑や非木材林産物（Non-Timber Forest Products：NTFP）の採取を行ってきました。伝統的な焼き

畑は，森林を伐採したあと乾燥した木材などを焼き，作物を1-数年栽培したあと放置して森林に戻す耕法です。かつては，1回の焼き畑から次の焼き畑までに十分に森林が回復する時間を空けており，森林の回復力の範囲内で，資源を大きく損なうことがありませんでした。また，NTFPとして利用するのは，森林に自生・生息するトウ（つる性のヤシ）や香木，薬草，野生生物などで，森林を破壊することがなく，場合によっては現金収入になっていました。しかし，先進国などの資本による大規模な商業伐採によって森林が急速に失われることになり，現地住民が伐採に反対して道路封鎖を行うなど，1980年代には大きな問題となっていました。

（2）他の土地利用への転換

2000年代以降は，特に熱帯林を他の商品作物の栽培に土地利用を転換することによって，森林が大きく減少するようになりました。東南アジアではオイルパームやゴムの栽培，アマゾンでは牛肉生産のための牧草地や大豆栽培のための農業地への大規模な転換が熱帯林減少の大きな原因となっています。中には大資本が安価な労働力を利用して，大規模で急速な転換を行った例も多く（図4-4），熱帯林の急速な減少が問題視されました。特に，熱帯雨林は陸上生態系の中で最も生物多様性が高く，全陸地面積の8％に陸上生物の50％以上が生息するとも推定されていて，生物多様性の保全からも大きな問題です。

牧草地の中には，造成後わずかの時間で放棄される場合もあり，その持続性も問題視されました。また，近年はバイオマス燃料としての栽培を目的とした転換もあり，森林減少だけでなく食料生産との競合を引き起こしているケースもあります。

図4-4　一面のオイルパームのプランテーション
（マレーシア・サラワク州にて筆者撮影。）

3．森林減少の影響

（1）持続的な森林資源の利用

　森林資源は再生可能であり，一度伐採しても植林をしたり種子から自然に再生したりすることで，資源は再び回復します。人間社会は森林資源をずっと利用してきましたが，必ずしも持続可能な形で利用してきたわけではありません。林業の多くは自然に蓄積された木材資源を略奪的に伐採・収穫したものであり，植林と伐採を繰り返しながら長期間利用し続けている例は多くありません。自然の再生許容量を超えて森林資源を利用し続ければ，利用可能な資源量は低下します。

　一方，森林は木材などの資源だけでなく，さまざまな生態系サービスをもたらしており，こうした生態系サービスが地域住民の生活や福利を確保することにつながっている場合があります。そのため，近年の森林の持続可能性に関する議論では，単に木質資源の持続的生産にとどまら

ず，こうした生態系サービスや地域住民の権利を確保する管理方法が問われています。

（2）森林がもたらす生態系サービス

　森林がもたらす生態系サービスは多様です。森林の成長や再生は二酸化炭素の固定プロセスであるため，伐採された木質資源が燃やされたり，分解されたりすると，それまで数十年あるいは数百年間で固定した二酸化炭素が大気中に放出され，温室効果ガスの増加を招きます。また，森林の劣化によって成長・再生速度が低下すると，吸収源としての機能も低下することになります。

　森林は流域の水循環を保つためにも重要です。熱帯では森林の蒸散が重要な水蒸気供給源となり，降水量や気温に影響します。また，豪雨時にはピーク水量を減らし，防災・減災に寄与するとともに，渇水時にもある程度の水量を維持することで，地域の安定な水資源供給にも寄与します。

　森林にはこうした調整サービスがあるため，グリーンインフラストラクチャーとしても機能しています。都市の森林は，上に述べたような水循環を通じて，ヒートアイランド現象を緩和します。また，洪水を緩和したり，土砂の流失を防いだり，海岸の防風・防潮として機能したりという生態系サービスは，コンクリートを中心とする人工的なインフラストラクチャーと同様な効果をもちます。一方で，災害時以外の日常生活においては，快適さや美的景観などの文化サービスも期待できるため，人工的な構造物にはない多面性をもっています。特に，今後予想される気候変化による災害の増加に対しても，比較的コストが低く，柔軟な適応策として注目が増しています（環境省，2008）。

4. 森林の減少・劣化に対する対策

（1）国際的な動き

1992年のリオデジャネイロの地球サミットで，気候変動枠組条約，生物多様性条約が締結されましたが，その時実は森林条約も締結が準備されていたものの，締結にいたりませんでした。しかし国連ではその後も継続的に世界の森林に関する議論が行われてきており，「森林に関する政府間パネル（Intergovernmental Panel on Forests：IPF）」（1995-1997），「森林に関する政府間フォーラム（Intergovernmental Forum on Forests：IFF）」（1997-2000）を経て，現在は「国連森林フォーラム（United Nations Forum on Forests：UNFF）」が対話の場となっています。

2007年の第7回会合（UNFF7）では，世界の持続可能な森林経営の達成に向けて，法的拘束力を伴わない文書ではあるものの，各国や国際社会が取り組むべき事項を盛り込んだ文書が合意されました。この中では，2015年までに，森林面積や森林関係の国際協力資金（ODA）の減少傾向を反転させるなどの世界目標や，各国の政策検討に持続可能な経営に関する基準と指標を考慮すべきなどの点も含まれています。

2015年の第11回会合では，「我々の求める2015年以降の森林に関する国際的な枠組（The International Arrangement on Forests We Want beyond 2015：IAF2015）」が採択されています。この決議には，2030年までの戦略計画等を策定し実施状況をレビューすることや，世界森林資金促進ネットワークの形成と，新たな資金メカニズムの検討が行われています。また，2017年のUNFF特別会合では，「国連森林戦略計画2017-2030（United Nations Strategic Plan for Forests 2017-2030：UNSPF）」が採択されています。

（2）違法伐採の取り締まり

　違法伐採とは，おおむね「各国の法令に違反して行われる森林の伐採」と定義されるものの，国によってはさらに厳しい条件となっている場合があります。2012年の推計で，主要熱帯木材生産国で生産される木材の50%～90%，世界全体でも15%～30%が違法伐採であるといわれています（2015年G8サミット）。違法伐採を放置することは，輸出国側の森林の持続性を損なうだけでなく，安価な木材が輸入されることによって輸入国内の持続的な森林経営の市場を乱すことにもなります。

　EUや米国では，産出国や樹種などの情報や，リスクの高いサプライヤーのチェック，第三者による確認などを行うことで，民間業者を含めて違法木材を規制しています。日本では，合法木材等の流通及び利用の促進に関する法律（クリーンウッド法）という法律で，合法的な木材を扱う業者を登録制にしているのですが，登録していない業者でも扱うことができることや罰則制度がないなどの点で，やや緩い規制だと指摘されています。2020年のオリンピック・パラリンピックに向けて建設された新国立競技場の調達においても，一部に違法木材が使われたのではないかという疑いがNGOによって指摘されています。

（3）認証制度

　環境ラベリング制度の1つで，持続可能な森林の利用の観点から管理された森林で生産された林産物を第三者が認証し，市場に供給する仕組みです。国際的には，森林管理協議会（FSC）や，主として小規模林業を対象とした森林認証プログラム（PEFC）があるほか，各国独自の認証制度も構築され，世界中で認証を受けた森林の割合が増加しています（図4-5）。日本でも，緑の循環認証会議（SGEC）の森林認証がありますが，近年PEFCと認証規格や水準の適合性が確認され，相互認証

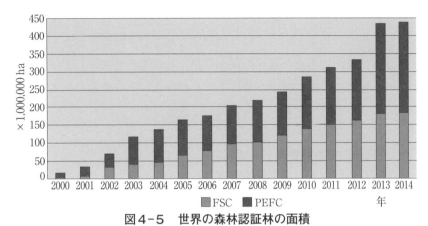

図4-5　世界の森林認証林の面積

（FSCは森林管理協議会，PEFCは森林認証プログラムによる認証を受けた森林の面積。FAO（2016）による。）

が可能となりました。

　認証材はその生産だけでなく，加工や流通過程でも非認証材と区別して取り扱われる必要があり，生産された認証材を扱う加工・流通業者も非認証材と厳密に区別した扱いをするという認証（CoC認証）が要求されます。

　近年は，環境（Environment）・社会（Society）・企業統治（Governance）に配慮している企業を重視・選別して行なうESG投資の条件として，木材や紙などの林産物だけでなく，非木材の産物でも，森林破壊をしないことが求められる場合があります（第2章参照）。それらを原材料として調達する場合に，森林を転換して生産した作物でないことが持続可能な作物として原料調達の評価基準となります。東南アジアで熱帯林減少の主要要因となっているパーム油生産や，アマゾンで森林減少の要因として重要な牛肉や大豆の生産においても，森林を転換して造成した農地で生産されていないことが問われるようになっています。ま

た，これらに加えて，労働者への相応な賃金の提供や地元コミュニティと住民の権利の尊重といった社会的配慮なども認証の条件となっています。さらには，こうした森林の減少を招かない原料を調達しているか否かという情報を企業に開示させ，それを投資家にその企業のリスク情報として公表するシステムなども発展してきました。

（4）住民参加型森林管理・経営

　途上国，特に東南アジア諸国では，森林が国や州に所有されていることが多く，地域コミュニティによる利用の権利が認められていない場合が少なくありませんでした。そのため，政府や企業が森林を伐採することで地域コミュニティの伝統的な利用が妨げられることがありました。近年では地域コミュニティの参加が持続的な森林管理には欠かせないことが定着しつつあり，法や制度などの整備が進んできました。

　森林が若い時期に，高木性の樹木の間に作物を植え，複数の収入源を確保するアグロ・フォレストリーや，住民の林業経営への参加と利益配分を積極的に促すコミュニティ・フォレストリー，あるいはソーシャル・フォレストリーなどの手法により，生態系や生物多様性の保全も図る手法が取り入れられるようになっています。

（5）REDD プラス

　森林は二酸化炭素の吸収源となり得ることから，クリーン開発メカニズムの中で，新たに植林した森林が吸収する二酸化炭素が吸収源クレジットとして認められています。一方，世界の実態を見ると，こうして新たに植林された森林が吸収する二酸化炭素よりも，森林が伐採されることで放出される二酸化炭素のほうが多いため，途上国の森林減少・劣化に由来する排出の削減（REDD）も，気候変動の緩和策として注目さ

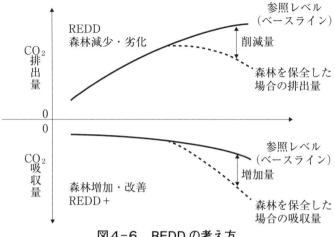

図4-6　REDD の考え方
（森林を保全しなければ増える二酸化炭素排出量（上図），あるいは減少する二酸化炭素吸収量（下図）を参照レベルとして想定し，そこから森林を保全することで削減できる排出量（上図），あるいは増加する吸収量（下図）を評価し，この量をクレジットとして認める制度である。Hyakumura, & Scheyvens（2012）を一部改変。）

<出所> Hyakumura, K., & Scheyvens, H.（2012）. Financing REDD-plus : A review of options and challenges. : The Economics of Biodiversity and Ecosystem Services（pp. 148-163）. Taylor and Francis.

れ，さらには持続的森林管理と組み合わせた制度（REDD プラス）に発展してきました（第2章，第3章参照）。

　この制度は，森林を保全することで，本来であれば森林が伐採されたり劣化したりして増加する二酸化炭素排出量を減少させ，あるいは減少する二酸化炭素吸収量を増加させ，その結果をクレジットとして認めることになります。そのため，まずベースラインの二酸化炭素排出量，あるいは吸収量がどのように変化するのかという点を先に決定し，そのうえで森林を保全したことによって改善された量を評価する必要がありま

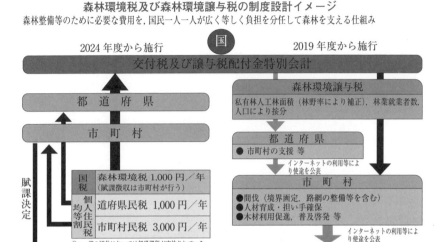

図4-7　森林環境税の仕組み
（林野庁資料による。）

す（図4-6）。

　REDDプラスは，気候変動枠組条約（UNFCCC）でも原則的に合意されているものの，世界共通の仕組みとして統一的な基準を作るのは難しいことです。例えば，伐採や劣化によるベースラインとなる炭素量の減少曲線をどう定めるのか，あるいは炭素量の変化の検証方法，さらには森林の管理方法による違い，国による制度の違いなどがあるため，二国間での合意に基づく制度でなかば試行的に行われているのが現状です。

（6）森林環境税

　森林生態系は水源涵養や土砂流失の防止などさまざまな生態系サービスを発揮しており，単に木材生産の場だけではありません。一方，森林の所有者や管理者は，こうした生態系サービスの管理コストを負担することは経営上難しい状況にあります。生態系サービスの管理コストを流域や地域全体の住民から税金の形で徴収し，それを生態系の管理コストとして森林所有者や管理者に還元する方法が森林環境税です（第 3 章参照）。

　2019年度から日本で導入された森林環境税は，国税として 1 人1000円が毎年徴収されますが，それが逆に森林環境譲与税として県を通じて最終的には市町村に配分されます（図 4-7）。この時，各市町村の森林面積と人口を勘案して配分額が決定されます。森林面積の大きい市町村は大きな額を受け取れますが，一方で人口の多い都会も大きな金額を受け取ることになります。

　しかし，この譲与税は森林の公益的機能（つまり生態系サービス）の整備にしか使用できないため，人口が多く森林の少ない都会は，他の市町村とのパートナーシップを組んでこれを行うことになります。また，生態系サービスの発揮のためのどのような施策に使用するのかは，各都道府県レベルで基準を決定できるのです。

参考文献

小椋純一（2012），『森と草原の歴史』古今書院.
国際環境 NGO FoE Japan（2008），『フェアウッド―森林を破壊しない木材調達―』

日本林業調査会.

小林紀之（2004），『新訂　地球温暖化と森林ビジネス—「地球益」をめざして』日本林業調査会.

引用文献

FAO（2016），Global Forest Resource Assessment 2015.

小椋純一（2012），『森と草原の歴史』古今書院.

環境省・生物多様性及び生態系サービスの総合評価に関する検討会（2016），『生物多様性及び生態系サービスの総合評価報告書』.

Hyakumura, K., & Scheyvens, H.（2012），*Financing REDD-plus : A review of options and challenges. : The Economics of Biodiversity and Ecosystem Services*（pp. 148-163），Taylor and Francis.

学習課題

【問題1】

　世界中で森林が減少する原因についてまとめてみなさい。

【問題2】

　明治時代以降の日本で森林が減少しなかったのはなぜか，考えてみなさい。

【問題3】

　森林減少を抑制するためには，どんな方法が有効か，考えてみなさい。

5 | 環境問題と地域の持続可能性

中静　透

《**この章のねらい**》　持続可能性と自然資本の考え方について述べ，地球全体
あるいは地域の持続可能性を考えるうえで必要な，エコロジカル・フットプ
リント，人間開発指数，包括的富指標などの概念について理解します。
《**キーワード**》　エコロジカル・フットプリント，包括的富指標，人間開発指
数，SDGs，自然資本

1．持続可能性とは

　第1章で説明したように，現代の人間活動は地球が安定なシステムを
維持できる許容限度（プラネタリー・バウンダリー）を超えつつあり，
それがさまざまな地球環境問題を引き起こしています。場合によっては
修復の難しい局面に達している場合もあります。こうした地球システム
としての問題点を含んで，人間活動の安定性や継続性に注目した概念が
持続可能性です。

　持続可能性とは，ある資源の利用あるいは人間の活動を維持し持続さ
せていけるのかどうかという可能性について指す言葉です。「持続可能
な開発（持続可能な発展，持続可能な社会という表現もある）」とは持
続可能性を最大限尊重した開発を進めていくことを指しています。これ
らは，21世紀社会の最重要用語の1つ（小宮山ほか，2011）ですが，持
続可能性といっても，さまざまな定義があります。

　ブルントラント委員会（環境と開発に関する世界委員会，1987）は

「持続可能な開発」を「将来世代のニーズを損なうことなく現在の世代のニーズを満たす開発」と定義しています。これは，よく用いられる定義ですが，基本的には資源や経済の継続性という観点に根差しています。

　一方，ナチュラルステップ（https://thenaturalstep.org/approach/）は持続可能性について，①地殻から掘り出した物質の濃度が増え続けない，②人間社会が作り出した物質の濃度が増え続けない，③自然が物理的な手段で劣化され続けない，④人々が自らの基本的ニーズを満たそうとする行動を妨げる状況を作り出してはならない，という4条件を満たすものと定義しています。ここでは人間が作り出した物質を増加させずに，自然との調和をとりながら基本的ニーズを満たすという考え方がうかがえます。

　さらに，ハーマン・デーリーが提唱した持続可能性の3原則には，①再生可能な資源の利用は再生速度を超えてはならない，②再生不可能な資源の利用は，再生可能な代替資源の再生速度を超えてはならない，③汚染物質の排出速度は，そうした物質を循環，吸収，無害化する速度を超えてはならない，があげられています。ここでは，資源の再生可能性や環境を維持するシステムに重点があり，1章で説明したプラネタリー・バウンダリーの考え方にも通ずるものがあります。したがって，単に利用する資源や活動の継続性だけにはとどまらない概念になっています。

2.　自然資本と再生可能な資源

　持続可能性や資源の再生可能性を考えるときに，自然資本という概念が重要です。自然資本とは，経済学の資本の概念を自然に対して拡張したもので，鉱物資源・化石燃料・太陽光・水，さらには生物資源や生態

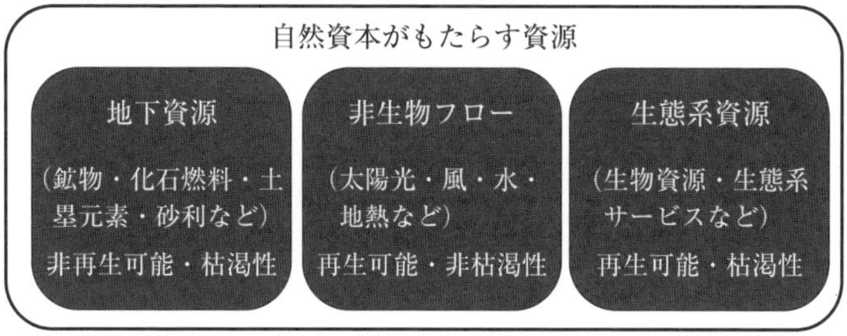

```
┌─────────────────────────────────────────────────────┐
│                自然資本がもたらす資源                    │
│  ┌──────────────┐ ┌──────────────┐ ┌──────────────┐  │
│  │   地下資源    │ │  非生物フロー  │ │  生態系資源   │  │
│  │              │ │              │ │              │  │
│  │（鉱物・化石燃料・土│ │（太陽光・風・水・ │ │（生物資源・生態系│  │
│  │ 塁元素・砂利など）│ │ 地熱など）      │ │ サービスなど）   │  │
│  │              │ │              │ │              │  │
│  │非再生可能・枯渇性│ │再生可能・非枯渇性│ │再生可能・枯渇性 │  │
│  └──────────────┘ └──────────────┘ └──────────────┘  │
└─────────────────────────────────────────────────────┘
```

図5-1　自然資本の再生可能性と枯渇性

（Russi and ten Brink（2013）をもとに作成。）

＜出所＞ Russi D. and ten Brink P.（2013）. Natural Capital Accounting and Water Quality : Commitments, Benefits, Needs and Progress. A Briefing Note. The Economics of Ecosystems and Biodiversity（TEEB）.

系サービスをフローとして供給するストックです。したがって，広い意味では，山・川・海・大気・土壌・生態系・生物など地圏・水圏・生物圏を構成する要素すべてを自然資本とみなすことができます。基本的に人間の経済活動は，こうした自然資本がもたらす材料やエネルギーを利用して製品やサービスを生み出しています。

　自然資本の生み出す資源には，再生可能なものと非再生可能なもの，枯渇性のものと非枯渇性のものがあります（図5-1）。現代の私たちの日常生活は，化石燃料や鉄，コンクリートなどの地下資源に大きく依存していますが，これらは非再生可能で，かついずれは枯渇する資源です。これに対して，水や太陽の光，風のような資源は再生可能であり，枯渇もしません。また，生物が作り出す資源やサービスは再生可能ですが，扱い方によっては枯渇します。先に述べたような持続可能性の考え方に従うと，再生不可能で枯渇性の資源に頼ることは，長期的に考えると持続可能性を失わせます。持続可能な社会では，できるだけ再生可能な資源の利用を高め，かつ生物資源が枯渇しないような賢い利用をすることが重要といえます。

3. エコロジカル・フットプリントの考え方

（1）エコロジカル・フットプリントとは

　エコロジカル・フットプリント（Ecological Footprint：EF）とは，人間活動が環境に与える負荷を，資源の再生産および廃棄物の浄化に必要な面積として示した数値であり，地球の環境容量（許容可能量）を表している指標です。したがって，上述のような意味で人間生活がどのくらい持続可能なのかを考えるためには，重要な考え方です。

　EF は現在の生活を維持するのに必要な1人当たりの陸地および水域の面積（グローバル・ヘクタール，gha）として示されています。例えば，人間1人の生活で消費する食糧を生産するためには，地球上の標準的な農地がどれだけ必要かを計算します。場所によって農作物の生産量は異なりますが，地球全体で平均的な農地1ヘクタールの年間生産量を計算し，消費量を賄うためにはこうした平均的な農地が何ヘクタール必

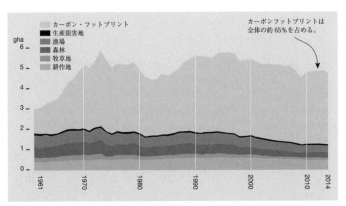

図5-2　日本のエコロジカルフットプリントの推移
（WWF ジャパン（2019）を一部改変。）
<出所> NFA 2018 National Footprint Accounts data set（1961-2014）.

要かを計算することになります。同様に，利用している木材の量から必要な森林面積，消費する食肉の量から牧草地の面積，消費する水産物の量から海の面積を計算し，さらに交通の利用や暖房などで排出する二酸化炭素についても，平均的な生態系が吸収する二酸化炭素量から必要な生態系の面積を計算します。

　そうした計算をすると，世界全体の平均では 2.8gha，日本人 1 人当たり 4.7gha が必要ということになります。また日本の国土と人口で計算すると，日本の国土には 0.6gha のキャパシティ（バイオキャパシティ）しかないため，残り 4.1gha を国外の資源に依存していることになります。また，地球全体で現在の生活を維持するためには，現状でも地球が約1.7個必要であり，もし地球全体の人間が日本と同じ生活をするとしたら約2.8個，米国なら約 5 個，中国なら約2.2個必要というような値が計算できます。

　また，どのような土地利用（資源利用）で EF が大きいのかも知ることができます。日本の土地利用別 EF で見ると，カーボンフットプリントが全体の65％を占め，化石燃料などの非再生可能エネルギーに私たちの生活が大きく依存しており（図 5-2），そのことが環境に最も大きな負荷をかけていることが理解できます。

（2）エコロジカル・フットプリントと持続可能性

　いうまでもなく，EF は先進国で高く，途上国で低くなっています。つまり，経済力と関係しているように思われます。EF を低下させることは環境には良いのですが，生活水準などを下げることには賛同はあまり得られません。生活水準としては GDP や所得など経済的な指標もありますが，経済成長だけでなく，長寿，知識，人間らしい生活水準などを強調した人間開発指数（Human Development Index：HDI）を指標と

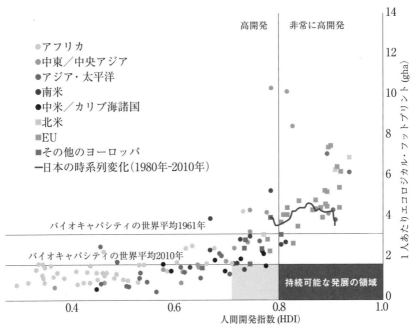

図5-3　エコロジカルフットプリント人間開発指数の国別関係
（日本の軌跡を曲線で示した。WWF ジャパン（2015）を一部改変。）

する場合もあります。HDI は，長寿は出生時平均余命，知識は成人識
字率と就学率，生活水準は１人当たり国内総生産 GDP を指標として計
算される複合統計指標であり，これを使って持続可能性との関係を論ず
るやり方がしばしば用いられます。

　理想的には EF が低く，HDI が高いという状況が望ましいと考えられ
ますが，実際には HDI の高い国の多くは EF も高い先進国であり，途
上国では EF は低いものの，HDI も低いことが多いです（図5-3）。近
年，いくつかの先進国では，再生エネルギーの利用率を高めてカーボン
フットプリントを低下させ，高い HDI を保ったまま EF を下げている

例が見られます。日本の近年の変化は，HDI が少しずつ高くなっているものの，EF は横ばいの傾向にあり，必ずしも持続可能な社会に近づいているとはいえません。

4. 包括的富指標

　持続可能性を考える経済指標の 1 つとして，「包括的富指標（Inclusive Wealth Index：IWI）」があります。この指標は「新国富」ともよばれ，社会の持続可能性を測るため開発されたもので，持続可能性に焦点を当て，長期的な製造資本（機械，インフラ，金融など），人的資本（教育やスキル），自然資本（土地，石油，鉱物，生態系など）を含めた国の資産全体を評価し，数値化しようとするものです。従来は国民総生産（GDP）で経済活動を評価したり，人間開発指数（HDI）で人間としての発展の程度を評価したりする指数も提案されましたが，いずれも長期的な持続可能性の指標としては弱い面がありました。IWI は，経済（製造）・人間・自然という 3 つの面を資本という形で評価することで，包括的で持続可能な評価を目指しています（馬奈木ほか，2017）。

　IWI で評価すると，たとえ GDP のような経済指標で経済成長をしていると判断されても，特に，発展途上国などには自然資本の減少が大きい場合があり，包括的な富として考えると，むしろ豊かさを失っている場合があります（図 5 - 4 ）。日本の1990-2008年の IWI の成長率を見ると，製造資本，人的資本ともに成長していて，自然資本の減少はありません。中国やインドなどでは高い製造資本の成長が見られる一方，自然資本は若干減少しています。また，サウジアラビアやニジェールなどでは人的資本は成長している一方で自然資本は大きく減少しており，IWI 全体ではマイナス成長をしていることになります。

　自然資本の減少は，長い目で見ると持続可能な開発とはいえず，これ

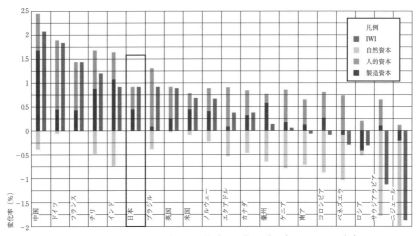

図5-4　包括的富指標の平均年間成長率（1990-2008年）
（UNU-IHDP & NDP（2012）を改変。）

までの GDP による評価では把握できなかった変化を IWI では把握する
ことができます。近年，国や自治体の中に IWI を用いた資本計算を行
い，それを計画に活かす例も知られるようになり注目されています。

5.　持続可能な開発目標における持続可能性

（1）地球環境問題と持続可能性に関する国際的な取り組み

　こうした地球環境問題の解決のために，国連を中心とした国際的な協
調の動きも顕著になってきました。1972年に「国連人間環境会議」（ス
トックホルム会議）が開催されたのを皮切りに，1982年には国連環境計
画管理理事会特別会合（ナイロビ会議），そして1992年にリオデジャネ
イロで「国連環境開発会議」（国連環境サミット，リオサミットなどと
もよばれる）が開催されました。このリオサミットで，持続可能な開発
に向けた地球規模でのパートナーシップの構築に向けた「環境と開発に

関するリオデジャネイロ宣言」（リオ宣言）と，この宣言を実施するための行動計画として「アジェンダ21」が採択され，国際連合の経済社会理事会の中に「持続可能な開発委員会」が設置されました。また，「気候変動枠組条約」と「生物多様性条約」が提起され，署名が開始されたほか，「森林原則声明」が合意され，国際連合砂漠化対策協定の署名も開始されました。

この一連の会議は「地球サミット」とよばれますが，その後2002年には「持続可能な開発に関する世界首脳会議（環境開発サミット，ヨハネスブルグ・サミット）」，2012年には再びリオデジャネイロにもどって，「国連持続可能な開発会議（リオ＋20)」と10年ごとに開催されています。これらの議論を受けて，「ミレニアム開発目標（MDGs：2015年までに達成する持続可能な開発目標）」が設定され，さらに「持続可能な開発目標（SDGs：2030年までに達成を目指す）」へと継承されています。

（2）SDGs における持続可能性

SDGs は国際社会共通の目標として，「だれひとり取り残さない」をスローガンとして，2015年に採択されました。17のゴールの中には，経済，産業，平等，責任など，主として経済にかかわるゴール，貧困，住環境，平和，エネルギー，健康，教育，ジェンダー，食などの社会的なゴールもありますが，環境に関係するゴールも重要な要素です。それぞれのゴール間でもさまざまなレベルで関連性があり，社会変革（トランスフォーメーション）により，社会・経済・環境にかかわるゴールを統合的に達成することが特徴となっています。

SDGs の17のゴールの関連性の分析によれば，経済にかかわるゴールを支えるのは，社会にかかわるゴールであり，さらにその基盤には陸・

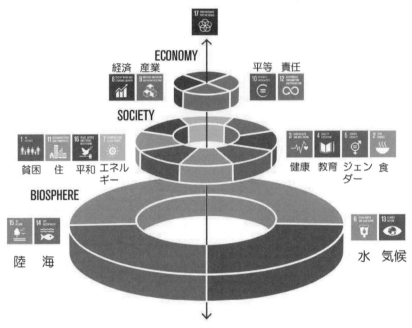

図5-5　SDGs の各ゴールの関係
（Stockholm Resilience Center による。）

海の生態系や大気，水など生物圏にかかわるゴールがある，とする考え
方が重要だといわれています（図5-5）。生物圏にかかわるゴールは再
生可能な自然資本にかかわっており，これらが社会・経済の持続可能性
をささえる基盤になっているとする考え方です。

6.　生活の豊かさの評価

　地球環境問題の解決には，社会変革が必要といわれていますが，どの
ような形でそれを引き起こせるかという点が難しい問題になっていま
す。SDGs などに見るように，さまざまな空間スケールで複数の資源・

経済・社会・環境の問題が関連しているため，地球環境問題そのものが日常の生活の中で実感しにくいものになっており，自分のかかわる産業や生活が地球環境に対してどれだけインパクトを与えているのかを把握することそのものが簡単ではありません。また，社会変革を起こすという意味でも，持続可能性やその価値観に関して新しい認識が必要となります。こうした理由で，豊かで質の高い生活の評価のための新たな指標がたくさん提案されているわけです。

EFなどは，日常生活がいかに地球環境にインパクトを与えているかを実感できる指標でしょうし，HDIやIWIは経済的な価値だけでなく，人間生活の発達程度や生活水準など，これまであまり評価されてこなかった持続性を評価指標に組み込むことにより，意識を変革することを目指していると考えられます。これまで紹介した指標以外にも，生活の質（Quality of Life：QOL）やウエルビーイング（Well-being）の指標，幸福度（Happiness）など人間の生活側からの指標が数多く提案されており，こうした指標で代表されるような価値観から持続可能性を評価しようとする動きが急速に増えています。

QOLは，どれだけ人間らしい，あるいは自分らしい生活を送り，人生に幸福を見出しているか，ということを尺度としてとらえる概念であり，心身の健康，良好な人間関係，仕事のやりがい，快適な住環境，十分な教育，レクリエーション活動，レジャーなどさまざまな観点から計られます。

ウエルビーイングは伝統的には健康に関する指標でしたが，現在ではその定義を超えて，身体的，精神的，そして社会的な健康など，相互に関連する指標として用いられることが多く，幸福度やQOLと重複する部分もあります。「福利」と訳されることもありますが，日本語では表現しにくい意味ももっているため，カタカナで表現される場合も多いで

す。

　幸福度は，GDP，社会的支援（困ったときに頼ることができる親戚や友人がいるか），健康寿命，人生の選択の自由度，寛容さ（チャリティなどに寄付の有無），腐敗の認識などを各自が主観的に判断した統計量を用いて推定するもので，毎年，国際連合の持続可能開発ソリューションネットワークから報告書（World Happiness Report）が公表されています。

　こうした指標のいくつかがNPOや研究者グループによって提案されている点も注目すべきです。EFやIWIなど，指標の計算方法も科学的な分析に基づいた形で検討されており，国内外の大量統計データを前提に構想されています。解釈や計算は一般市民には難しい場合があるものの，いずれも経済的評価だけではなく，人間の生活面から環境問題や政策，あるいは持続可能性を評価しようとするための試みで，近年重視される方向といえます。指標のコンセプトを一般市民が理解し行動することで，社会変革の可能性を期待する動向が顕著になっているともいえるでしょう。

参考文献

馬奈木俊介・池田真也・中村寛樹（2017），『新国富論——新たな経済指標で地方創生（岩波ブックレット）』岩波書店.

マティース・ワケナゲル，ウィリアム・リース（2004），『エコロジカル・フットプリント　地球環境持続のための実践プランニング・ツール』合同出版.

蟹江憲史（2017），『持続可能な開発目標とは何か——2030年に向けた変革のアジェンダ—』ミネルヴァ書房.

引用文献

ドネラ・H・メドウズ(1972)，『成長の限界―ローマ・クラブ人類の危機レポート』ダイヤモンド社．

小宮山宏，武内和彦，住明正，花木啓祐，三村信男　編（2011），『サステイナビリティ学の創生（サステイナビリティ学1）』東京大学出版会．

馬奈木俊介・池田真也・中村寛樹（2017），『新国富論――新たな経済指標で地方創生（岩波ブックレット）』岩波書店．

NFA（2018），*National Footprint Accounts data set（1961-2014）*. https：//data.world /footprint/nfa-2018-edition

Russi D. and ten Brink P.（2013），*Natural Capital Accounting and Water Quality : Commitments, Benefits, Needs and Progress*, A Briefing Note, The Economics of Ecosystems and Biodiversity（TEEB）.

UNU-IHDP & NDP（2012），*Inclusive Wealth Report 2012 : Measuring Progress Toward Sustainability*.

WWF ジャパン（2019），『環境と向き合うまちづくり』．

WWF ジャパン（2015），『日本のエコロジカルフットプリント2015』．

学習課題

【問題１】

　持続可能性と再生可能な資源との関係を考えてみなさい。

【問題２】

　エコロジカル・フットプリントを考える利点を整理してみなさい。

【問題３】

　持続可能で豊かな生活とはどのようなライフスタイルか，考えてみなさい。

6 | 環境経済学の基礎

諸富 徹

《この章のねらい》 本章の目標は，環境問題を経済学の視点から考えるための基礎的な理論，概念を理解することです。「外部不経済」，「外部不経済の内部化」が鍵となる概念なので，これを理解した上で，環境政策の目標設定の考え方，環境政策上の政策手段の選択について，経済学がどのように考えるのかをつかむことが，ポイントになります。

《キーワード》 社会的費用，外部不経済の内部化，最適汚染水準，費用効率性，ピグー税，ボーモル＝オーツ税，環境税，排出量取引制度，補助金

1. 環境政策の目標

環境政策を実行するには，まずその目標を立てなければなりません。それには大きく分けて，2つの考え方があります。その第1は，望ましい環境を定義し，それを実現できるような環境政策目標を定めることです。この場合，望ましい環境とそれを実現するために必要な汚染物質の排出削減量は，自然科学的知見に基づいて決定されます。これに対して第2の考え方は，環境経済学の静学的な効率性基準に基づく方法で，「最適汚染水準」とよばれます。

これら2つの考え方には，それぞれ利害得失があります。第1の考え方は，環境の立場に立って考えると一番望ましい方法だといえるでしょう。しかし，それを実現するためにどれくらい費用がかかるのかを無視して目標を決めている点に問題があります。第2の考え方は逆に，「環

境悪化が社会にもたらす被害（＝費用）」と「環境を保全するのにかかる費用」の合計を最小化しようとしている点で，この問題を考慮に入れています。しかし，経済的な意味での最適性は，必ずしも環境的な意味での最適性と合致する保障はありません。この点が，第2の考え方の問題点です。以下では，この2つの考え方をもう少し詳細に展開した上で，持続可能性公準に基づく環境政策目標の決定は，いかにあるべきかを論じることにしたいと思います。

　まず，環境政策目標に関する第1の考え方ですが，目標決定の手順としては概略，次のようになります。第1に，望ましい環境の状態を定義し，その状態を保てるような汚染物質の環境中濃度を定めます。これを「環境基準」といいます。環境基準が定まれば，第2に，それを達成できるよう環境汚染の原因物質に関する「排出削減目標」を定めます。そして第3に，この削減目標の達成が可能になるように，環境中に汚染物質を排出している各排出源に対して「排出基準」を設定し，これを満たすよう規制を課します。

　このように，望ましい環境の状態を想定してマクロ的な環境基準を定め，それを実現できるよう排出総量の削減計画を立て，そこからさらにミクロ的な各排出源に対する排出基準設定へとトップダウン的に降りて行くのが，環境政策目標決定に関する第1の考え方の特徴です。

　もっとも，こうして純粋に環境保全の観点のみに基づいて環境政策目標を定めることができれば望ましいですが，現実にはさまざまな困難に直面します。第1の困難は，われわれのもつ自然科学的知見は完全ではなく，往々にして不確実性を伴っている点です。「望ましい環境の状態」は自然科学的知見に基づいて定められますが，環境に関するわれわれの自然科学的知識にはまだまだ不確実性が多く，具体的な目標設定をそこから直ちに引き出せるわけではありません。第2の困難は，環境政

策実施には，往々にして大きな費用がかかるという点にあります。よく「環境と経済の対立（トレード・オフ）」といわれるように，環境を良くしようとすればするほどそれに必要な費用はかさみ，経済に対して悪影響を与える可能性が出てきます。

　「最適汚染水準」に基づく環境政策目標の決定は，環境と経済の対立を，費用最小化という観点から調整しようとしている点で，環境政策目標決定に関する第1のアプローチの問題点を克服しているといえるでしょう。しかし，「最適汚染水準」の考え方の最大の問題は，それが環境にとって「最適」であることを必ずしも保障しない点です。なぜなら，最適汚染水準は現行の技術水準を前提として，環境保全に関わる総費用を最小化することに主眼があり，中長期的にそれで本当に環境が保全できるかどうかは，保障されていないからです。

　最適汚染水準の観点のみに立脚して環境目標を定めれば，例えば，地球温暖化問題の解決は困難になるでしょう。こうした問題の場合は，環境政策目標の設定に長期的視点を組み込む必要があります。つまり，現時点の技術と費用に基づいて目標を立てるのではなく，例えば2050年に向けて技術がどれほど進歩し，排出削減費用がどの程度低下するのかを考慮しながら目標設定をすべきです。現行の技術水準では大きな費用負担を伴うように見える環境政策目標であっても，技術革新を経て進歩した将来時点の技術水準から見れば，妥当な費用で目標を達成できる可能性があります。それどころか環境政策に関する過去の経験は，より厳格な環境政策目標の設定で技術開発が促され，イノベーションと費用低下が起きたことを教えています。

2. 環境政策の体系

　こうして環境政策が依拠すべき目標が決定されれば，今度はそれを実現する環境政策の体系を構築する必要があります。表6-1は，このような環境政策手段の体系を示したものです。通常，環境政策手段として頻繁に取り上げられるのは，表のうち「原因者を誘導・制御する手段」として分類されている直接規制，課徴金，補助金，排出量取引制度などです。表ではそれに加えて，公共部門自身が主体となってインフラ整備を行う手法，そして，企業が自主的に環境改善に取り組む手法が掲げられています。

表6-1　環境政策手段の分類

	公共機関自身による活動手段	原因者を誘導・制御する手段	契約や自発性に基づく手段
直接的手段	環境インフラストラクチャーの整備，およびそれに基づくサービスの提供（廃棄物処理，汚水処理など） 環境保全型公共投資 公有化	直接規制 土地利用規制	公害防止協定 自主協定
間接的手段	研究開発 グリーン調達	課徴金 補助金 排出量取引制度 減免税 財政投融資	エコラベル グリーン購入 環境管理システム 環境報告書 環境監査 環境会計

基盤的手段	コミュニティの知る権利法
	環境情報公開
	環境モニタリング・サーベイランス
	環境情報データベース
	環境責任ルール
	環境アセスメント
	環境教育

［注］基盤的手段が，原因者を誘導・制御，あるいは自発的取り組みを促す手段になることもある。

＜出所＞ 植田［2002］，p. 104，表4.1. を修正。

　さらに表では，「直接的手段」と「間接的手段」が区別されています。前者は排出源に直接働きかけて環境改善を図る手法を指し，後者は，必ずしも排出源に働きかけませんが，間接的に環境改善に資するものを指します。「基盤的手段」は，直接的な意味でも間接的な意味でも排出源に影響を与えませんが，あらゆる環境政策手段が依拠すべき基盤を構成しているという意味で「基盤的手段」と名づけられています。情報やルール，評価のあり方は，確かにそれ自体として環境改善を目的とはしていませんが，それがしっかりと整備されているか否かで環境政策の質が左右されるという意味では，極めて重要な役割を果たしています。

3. 環境経済学の基本概念

（1）「外部不経済」とピグー税によるその内部化

　以下では，経済学が環境問題をどのようにとらえ，その解決に向けて何を提言しているのかを見ていくことにしたいと思います。経済学では，環境問題を「外部不経済」ととらえて把握しようとしてきました。この点を，図も用いながら説明しましょう。

　環境政策手段による環境問題の制御を初めて経済学的に基礎づけたの

は，イギリスのケンブリッジ大学教授だったA.C.ピグーです。彼は，その主著『厚生経済学』（1920）の中で，環境問題が発生している場合にはその原因となる財に課税すべきことを主張しました。現在でいう環境税の初めての提唱者だということになります。彼の主張に沿って，経済学の環境問題のとらえ方を解説すると，図6-1のようになります。

　図の縦軸には，価格・限界費用，横軸には財の生産量がとられています。図で右下がりに描かれた曲線Dはその製品に対する需要曲線，右上がりに描かれた曲線PMCはその供給曲線（Private Marginal Cost：私的限界費用曲線）を表します。いま，この財の生産によって「環境問題」，つまり「外部不経済」が発生するとしましょう。

　ここで，外部という言葉が使われるのは，企業と消費者の意思決定の考慮の「外」にあるという意味です。企業は通常，利潤（＝「売上−費用」）を最大化しようとして売上を最大化しつつ，費用を最小化しようとします。この場合，「費用」として認識されるのは，給与，設備投資費，減価償却費，宣伝広告費，販売促進費などの，生産に伴って必要となる「私的費用」です。

　他方で，その企業が生産によって汚染物質を排出して環境悪化を引き起こしている場合，環境悪化によって環境被害が生じます。例えば，河川や大気が汚されることで，他の企業の生産に悪影響が及んだり，近隣住民の健康悪化が引き起こされたりすることがあります。こうした社会的損失を貨幣評価した費用のことを，経済学では「外部費用」とよびます。ところが生産者は，自分に悪影響が及ばない限り，こうした費用を自らの意思決定の中に組み込むことはありません。依然として企業が考慮する費用は，上述の「私的費用」のみです。その結果，外部費用を企業は負担することなく，汚染物質は排出され続けてしまいます。

　他方，消費者もこの企業の製品を購入するに当たって，その製品の生

産過程で環境悪化が引き起こされることを知りませんし，外部費用が価格に転嫁されていないので，それを負担することもありません。もし外部費用が価格に上乗せされ，製品価格が上昇すれば，消費者は事情を深く知らなくとも製品を買い控えるでしょう。ところが外部費用が考慮されていない下では，消費者の側から積極的な行動が起こされることもありません。

　こうした状況下では，環境問題（＝「外部費用」）が放置されたまま，生産者も消費者も行動を変えようとしません。つまり，市場メカニズムだけでは問題を解決できないのです。これは，経済学でいう「市場の失敗」の一要因であり，この状態を経済学では「外部不経済が発生している」といいます。問題を解決するには，生産者と消費者に，製品が引き起こしている外部性を正しく認識させ，外部費用を彼らの意思決定に「内部化」させる必要があります。そのためには，政府による政策が必要です。

　図6-1に戻って，このことを確認してみたいと思います。この製品の生産によって社会が真に直面する限界費用（1単位生産を追加的に増やしたときに，追加的（＝「限界的」）にどれだけ生産費用が増えるかを意味する概念）曲線は，私的費用に外部費用を加えた「社会的費用」だということになります。この製品を1単位追加的に生産したときに発生する追加的な社会的費用の増加分が社会的限界費用（Social Marginal Cost：SMC）であり，その軌跡が「社会的限界費用曲線」となります。図6-1では，社会的限界費用曲線SMCは，外部費用の分だけ私的限界費用曲線よりも上方に描かれています。もちろん，外部不経済が発生しなければ，社会的限界費用曲線は私的限界費用曲線に一致します。

　さて，通常，図6-1のような財市場の需給均衡点は，供給曲線（＝私的限界費用）PMCと需要曲線Dの交わる点E_0で決まり，その下で生

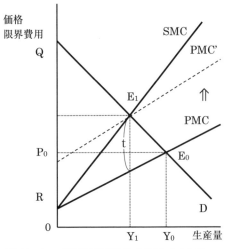

図6-1　外部不経済の内部化とピグー

産量は Y_0, 価格は P_0 で決定されます。しかし，外部不経済が発生している下では，これは社会的に最適な均衡点とはいえません。社会的に最適な均衡点は，社会的限界費用 SMC と需要曲線 D が交わる E_1 です。E_1 と E_0 を比較すると，E_0 ではこの財が望ましい水準よりも低い価格の下で，社会的に望ましい水準を越えて過剰生産されることがわかります。

　そこでピグーは，この財に SMC と PMC の差（図6-1の t［＝税率］）に相当する税をかけることを主張しました。それによって PMC を図6-1の PMC'まで上昇させ，私的限界費用と社会的限界費用を一致させれば，この財の生産量は Y_0 から Y_1 に減少します。つまり，環境税の効果で生産者と消費者は自らの行動を修正し，その結果として外部不経済は「内部化」されるのです。なお，ピグーは外部不経済内部化の政策手段として税の導入を提唱しましたので，彼の名をとってそのような環境税を「ピグー税」とよんでいます。

（2）ボーモル＝オーツ税

　しかし，外部不経済を内部化して経済厚生を最大化するというピグー税のアイディアには2つの問題があります。第1は，ピグー税を実施するための情報的基盤が実際にはきわめて脆弱であること，そして第2は，経済厚生の最大化を目指して環境問題を制御することが，必ずしも持続可能性を保障しないという，すでに前節で説明済みの問題であります。

　第1の点については若干説明が必要です。ピグー税は，さまざまな環境経済学文献で言及されているにもかかわらず，実際にはその情報的基盤が脆弱であるために実施が難しく，その導入が試みられたことは現在まで皆無です。図6-1からわかるように，ピグー税実施のためには，外部費用と私的限界費用に関する情報が必要ですが，現在の我々の知見の下では，環境悪化がもたらす外部費用を正確に知ることはきわめて難しいのです。私的限界費用の位置と形状についても，それらに関する情報は各企業に分有されており，それらのミクロ情報を集計してマクロ的な私的限界費用曲線を導き，政策立案の基礎とすることは，政府にとってきわめて困難です。

　そこで，ボーモルとオーツはピグー税実施上の困難を乗り越える，より現実的な環境税の理論を提示しました（Baumol and Oates, 1971）。彼らは外部費用を正確に知ることをあきらめて，環境税の目的を「経済厚生の最大化」から，「環境目標を最小費用で実現すること」に移すよう提唱しました。彼らの提案は，まず自然科学的知見に基づいて環境目標を定め，次にそれを環境税という価格メカニズムを用いて実現するというアプローチです。したがって，税率は目標達成に十分な高さに設定されねばなりません。この課税方法の下では，ピグー税のように経済厚生の最大化は達成できませんが，税を通じて限界排出削減費用が各排出

者間で均等化されますので，社会的に最小費用で環境目標を実現できることが彼らによって示されました。このような次善の環境税を，彼らの名を冠して「ボーモル＝オーツ税」とよびます。

ボーモル＝オーツ税の利点は，持続可能性公準を組み込んだ環境政策目標の達成とも整合的だという点にあります。というのは，ボーモル＝オーツ税で達成すべき環境政策目標を本章第1節で説明した環境政策目標設定に関する第1のアプローチに基づかせれば，そうした目標を達成できるよう汚染物質の排出総量を適切に管理することが可能になるからです。

4.　環境政策手段の相互比較

（1）　直接規制と経済的手段

「外部不経済の内部化」という概念に基づいて，経済学はさまざまな環境政策上の手段を比較検討し，直接規制よりも経済的手段を用いることが望ましいことを明らかにしてきました。経済学的視点から政策手段を分析し，どのような政策手段を用いるべきか提言を行うことが，環境経済学の重要な課題となっています。本節では，そのエッセンスを分かりやすく解説することにしたいと思います。

ここで考えたいのは，第1に直接規制と経済的手段（環境税，排出量取引制度，補助金）の比較，第2に，経済的手段相互の比較です。その際の評価基準として，①費用効率性（＝静学的効率性），②分配に与える影響，③動学的効率性の3つを採用し，政策手段を相互比較することで，それぞれの政策手段の特性を明らかにしましょう。

第1は，直接規制と経済的手段の比較です。直接規制は，各排出源に対して直接的に排出規制を課す行政的手法を指します。排出源が規制値を守ることができなければ，警告や改善命令が出されます。それでも問

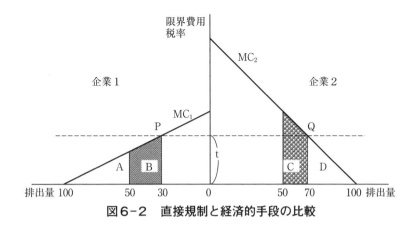

図6-2　直接規制と経済的手段の比較

題の解決が図られなければ，最終的には操業停止措置が用意されている
点で，規制遵守を担保するきわめて強力な政策手段です。経済的手段と
比較した場合の直接規制の特徴は，排出者の費用構造に関係なく一律に
濃度規制をかける点に求められます。この特徴をとらえて経済的手段と
の比較を示しているのが図6-2です。

　企業1と企業2は同規模ですが，その技術的理由から異なる限界排出
削減費用曲線を有しているとしましょう。図では，企業1のほうがより
優れた排出削減技術をもっており，それゆえに一定の排出削減をより安
価に実行することが可能です。いま，両企業とも汚染物質の排出量が100
であり，両企業をあわせて総排出量は200であるとしましょう。環境改
善を図るためにはこの総排出量を200から100に減らさなければならない
と想定します。この場合，直接規制ではこれを可能にするような水準で
各排出源に排出規制がかけられます。どの企業に対しても一律の濃度規
制が課されますから，企業1に対しても企業2に対しても排出量50への
削減が求められることになります。このとき，企業1の排出削減費用は

図のＡ，企業２のそれは図のＣ＋Ｄで表わされる三角形の面積にそれぞ
れ相当します。

　これに対して，経済的手段の場合は，総排出量100が達成されるよう
汚染物質の排出に「価格付け」を行うことになります。ここでは税（＝
ボーモル＝オーツ税）に経済的手段を代表させることにしましょう。図
より，総排出量100を達成するには，ｔの高さの税率を課さなければな
りません。いったん税率ｔで環境税が導入されたならば，その下での排
出者にとっての最適な行動は，「税率＝限界排出削減費用」となる水準
まで排出削減を実行することであります。

　経済学を学んでいない方，あるいはその初学者には，なぜ企業が「税
率＝限界排出削減費用」となる水準まで排出削減を行うのが合理的とな
るのか，説明が必要でしょう。図６−２を用いて，このことを説明して
みましょう。この図の左側には企業１の限界排出削減費用曲線 MC_1 が
右肩上がりに描かれています。税率ｔと限界費用曲線 MC_1 が交わる点
Ｐに着目してください。この点よりも左側に進むと，「税率ｔ＞限界費
用 MC_1」となっています。つまり企業にとっては，追加的な排出削減
費用を負担することで排出削減を進めれば（右側に進むこと），それに
よって追加的にかかる排出削減費用以上に税負担を節約できるので，経
済的に割に合うことになります。

　逆に，点Ｐよりも右側に進むと「税率ｔ＜限界費用 MC_1」となって
いるので，環境税を負担してでも排出を点Ｐまで増やすほうが（左側に
進むこと），それを上回る排出削減費用の節約を得られるので，経済的
に割に合うことになります。

　以上の理由から，つねに「税率ｔ＝限界費用 MC_1」となる点Ｐが，
企業にとって最も費用効率的な点だということになります。図６−２の
右側の企業２についても，企業２にとって点Ｑまで排出削減を行うのが

もっとも費用効率的となることを，読者自身の手で確かめてください。

　こうして企業は，「税率＝限界排出削減費用」となる水準まで排出削減を実行するので，企業1は100から30まで70の排出を削減し，企業2は100から70まで30の排出を削減することになります。このとき，両企業をあわせた総排出量は100となり，排出削減目標は達成されています。その下で，企業1の排出削限費用は図のA＋B，企業2のそれは図のDで表される三角形の面積にそれぞれ相等します。

　以上より，同じ環境効果をもつ直接規制と税を費用効率性の面から比較するとどうなるでしょうか。直接規制の下での両企業の総排出削減費用は，図よりA＋C＋Dになります。税の下での総排出削減費用はA＋B＋Dです。図から明らかなように，C＞Bとなるので，［A＋C＋D］＞［A＋B＋D］となります。つまり，税のほうが，直接規制よりも費用効率的に排出削減を実行できることがわかります。

（2）経済的手段相互の比較

　次は，経済的手段間の比較です。環境税，排出量取引制度，そして補助金という3つの政策手段はそれぞれどのような利害得失をもつのでしょうか。以下では，同一の環境改善目標を達成するという条件下で，これら3つの政策手段を相互比較することにしましょう。

　排出量取引制度とは，もともとカナダ・トロント大学のデイルズによって提唱され（Dales, 1968a；Dales, 1968b），その後，モンゴメリーによって理論的に厳密に定式化された政策手段です。デイルズは，環境に対して利用権を設定し，その利用権を取引可能にすれば，適切な環境利用の価格付けが行われ，結果として環境利用権の効率的な配分が可能になると主張しました。例えば湖沼のように，湖に流れ込む総負荷量を一定以下に抑制しなければならない場合，許容総負荷量に相当するだけの

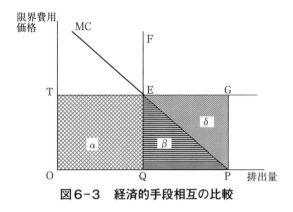

図6-3　経済的手段相互の比較

　環境利用許可証を各流域の排出源に配分し，保有許可証に合致した排出
しか許さないとするならば，総排出量のコントロールが可能になりま
す。また，許可証保有者間で許可証の取引を可能にすれば，より費用効
率的な総量規制が実現できるというわけです。モンゴメリーは，このよ
うなシステムの下で，総量規制を最小費用で実現できることを理論的に
示しました（Montgomery, 1972）。
　排出量取引制度の最大の特徴は，総排出量を政府が確実にコントロー
ルできる点にあります。排出量取引制度のこのような性質は，図6-3
によって示すことができます。本章の他の図と同様に，縦軸には価格と
限界費用，横軸には汚染物質の排出量がとられています。経済全体の限
界排出削減費用が図のMCで表され，Pは初期の汚染物質排出量，Q
は排出削減目標を示しています。排出量取引制度が導入されると，ちょ
うどこのQに合致するだけの排出許可証が，各排出者に対して初期配分
されます。排出許可証の供給量は，価格水準に関わらず政府によってQ
の水準で量的にコントロールされていますから，その供給曲線は図6-
3のQFのように垂直になります。限界排出削減費用MCは，横に読め

ば，その価格でどれだけ排出を行うのかを示していますから，排出許可証に対する需要曲線を意味しています。したがって，排出許可証価格は排出許可証に対する需給が均衡する水準 OT で決定されます。

このような設定の下で，まず排出量取引制度と税を比較するとどうなるでしょうか。ボーモル＝オーツ税タイプの環境税が導入され，ちょうど排出削減目標 Q を実現するような水準 OT で税率が決定されたとすると，排出者にとっては限界排出削減費用と税率が等しくなる水準で排出量を決定するのが合理的なので，結果として Q の排出水準が実現します。つまり，両者とも価格 T（＝税率）に対して排出量 Q を実現できるという意味で，両者の及ぼす資源配分上の効果は全く同一になります。これを，両政策手段が資源配分上は「等価」であるといいます。

もっとも，排出量取引制度の場合は，量を政策的に固定できますが，価格は市場で決まるので不確実です。これに対して，税の場合は，価格（＝税率）を政策的に固定できますが，結果としてその下でどれだけの排出削減量が実現するかは不確実だという点で，両者ともに利害得失をもっています。

さて，実は補助金も，税・排出量取引制度と資源配分上は全く「等価」であることを示すことができます。補助金は，図 6-3 における初期汚染物質排出量 P から追加的に排出削減を行うたびに排出削減 1 単位あたり OT の補助率で排出者に支給されるとしましょう。そうすると排出者には，補助率 OT と限界排出削減費用 MC が等しくなる Q まで排出削減を行うインセンティブが働きます。なぜなら，図で Q よりも排出量の多い領域では常に，限界排出削減費用を補助率が上回っているので，初期状態 P から出発して Q に向けて排出削減を進めることが有利になります。他方，図で Q よりも排出量の少ない領域では，限界排出削減費用よりも補助率のほうが低いため，さらに排出削減を進めることは割

に合いません。結果として排出者にとって最適な排出量はQになります。このとき，価格（＝補助率）OTに対して最適な排出量がQに決まるという点で，税・排出量取引制度と補助金が等価であることが示されます。

　しかし，分配面に目を移すと，補助金と税・排出量取引制度の間には大きな違いがあることがわかります。まず，税・排出量取引制度の場合なら，排出者の費用負担は図の $\alpha+\beta$ になります。なぜなら，両政策手段の下で，排出をPからQまで削減することで生じる排出削減費用 β を負担しなければならないからです。それに加えて，税の場合は残余汚染（＝OQ）に対してかけられる税負担額 α，排出量取引制度の場合は，価格 OT の下で同じく残余汚染に対して負担しなければならない排出許可証購入額 α を負担しなければなりません。これらを加えると，排出者の負担は $\alpha+\beta$ となります。これに対して補助金の場合，排出削減費用の大きさは β で同一ですが，それに対して，逆に $\beta+\delta$ の補助金支給を受けることができます。差し引き，排出者は δ の大きさだけの超過利潤を得ることになってしまいます。これは汚染者負担原則に反するばかりでなく，長期的には汚染をかえって激しくしてしまいます。というのは，この超過利潤を目当てに他産業から当該産業への参入が起こる結果，汚染産業での産出量が増大し，結果として汚染物質の排出量も増大するからです。このことから，補助金は税・排出量取引制度に比べて比較劣位にある政策手段だといえるでしょう。

　最後に，分配面から税と排出量取引制度を比較するとどうなるでしょうか。両手段は資源配分上「等価」であり，その分配面での影響も全く同一だというのが，以上まででの結論でした。しかし，実際には両政策手段をどのように設計するかで分配影響は微妙に異なってきます。それに影響を与える要因は，排出量取引制度の初期配分の方法です。排出許

可証の初期配分方法には，大きく分けて有償（オークション）による方法と無償による方法があります。有償配分の下では，上述の通り，環境税と排出量取引制度の分配影響は，まったく同一です。しかし，もし初期配分が無償で実行されるなら，排出許可証購入負担額 α の負担は消滅し，β だけの負担が残ります。したがって無償配分の場合は，排出量取引制度の方が，環境税よりも分配影響は小さくなります。

5. まとめ

　以上，環境政策手段を主として費用効率性と分配影響の側面から相互比較してきました。これによって，それぞれの政策手段の特徴が明らかにされました。要約すれば，直接規制よりは，経済的手段の方が望ましく，経済的手段の中でも補助金よりは税・排出量取引制度の方が望ましいのです。しかし，そうであるならば，世界の環境政策においてほとんどの政策手段は環境税と排出量取引制度で占められていてもおかしくないはずですが，現実にはそうなっておらず，直接規制も補助金も依然として多用されています。しかも，それぞれの政策手段は単独ではなく，複数の手段を組み合わせる形で用いられています。なぜ，そのようなことが起きるのでしょうか。そこで第7章では，複数政策手段の組み合わせ（ポリシー・ミックス）を分析の対象とし，単独の政策手段ではなく，複数政策手段が同時併用される理由や，その結果として，ポリシー・ミックスの費用効率性や分配影響はどう評価できるのかという問題について議論することにしたいと思います。

112

参考文献

植田和弘（2002），「環境政策と行財政システム」寺西俊一・石弘光編『環境保全と公共政策』岩波書店，96-122頁.

植田和弘・新澤秀則・岡敏弘（1997），『環境政策の経済学—理論と現実』日本評論社.

ピグー，A・C（1956-1955），『厚生経済学』全四冊，気賀健三・千種義人他訳，東洋経済新報社.

宮本憲一（1989），『環境経済学』岩波書店.

諸富徹（2000），『環境税の理論と実際』有斐閣.

諸富徹・鮎川ゆりか（2007），『脱炭素社会と排出量取引』日本評論社.

諸富徹・浅野耕太・森晶寿（2008），『環境経済学講義』有斐閣.

Baumol, W.J. and W.E. Oates (1971), "The Use of Standards and Prices for Protection of the Environment", *Swedish Journal of Economics*, 3, pp. 1-44.

Dales, J.H. (1968a), *Pollution, Property and Prices*, University of Toronto Press.

Dales, J.H. (1968b), "Land, Water, and Ownership", *Canadian Journal of Economics*, (4), pp. 791-804.

Montgomery, W.D. (1972), "Markets in Licenses and Efficient Pollution Control Programs", *Journal of Economic Theory*, 5, pp. 395-418.

学習課題

【問題1】

環境税について，ピグー税はなぜ理論通りに実行することが難しいのでしょうか，その理由を述べなさい。また，ボーモル＝オーツ税はピグー税と異なるどのような特徴をもっているのか，説明しなさい。

【問題２】

　「税もしくは排出量取引制度」と「補助金」を比較すると，①環境政策上の効果，②分配面での効果でどのような異同があるのか，説明しなさい。

7 | 環境政策の経済的手段と ポリシー・ミックス

諸富 徹

《**この章のねらい**》 本章の目標は，前章での政策手段に関する知識を前提として，複数政策手段の組み合わせ（ポリシー・ミックス）について理解することです。現実の経済的手段が直接規制や，その他の政策手段との組み合わせになっているのには，それ相応の理由があります。その理由を理解した上で，適切なポリシー・ミックスのあり方を考えることがポイントです。
《**キーワード**》 政策手段，ポリシー・ミックス，直接規制，環境税，排出量取引制度，補助金，集積性／蓄積性汚染，分配問題の緩和

1. ポリシー・ミックスとは何か

　第6章では，環境政策手段の相互比較で，経済的手段が直接規制に対して優位性をもち，さらには，税・排出量取引制度の方が，補助金よりも望ましいことを述べました。もしこの結論が正しいとすれば，環境政策上の効果や費用効率性の観点から，直接規制を廃止して経済的手段で置き換えたり，補助金を廃止して税・排出量取引制度に切り替えたりすることが望ましいです。しかし，現実の環境政策ではそのようなことは行われず，直接規制も補助金も，依然として各国で活用されています。

　さらに興味深いのは，経済的手段が新たに導入される場合でも，経済的手段単独ではなく，他の政策手段との組み合わせ（ポリシー・ミックス）で導入されている点です。税の場合でいえば，1970年代以降，欧州

を中心として排水課徴金が導入され始めましたが，それは，既存の直接
規制を置き換えるのではなく，直接規制を残したまま，経済的手段を追
加する形で導入されました。例えば「ドイツ排水課徴金」は，直接規制
と税という２つの政策手段の組み合わせとなった点に特徴があります。

　同様に排出量取引制度の場合でいえば，やはり1970年代頃から導入さ
れ始めたアメリカの「排出取引プログラム（Emissions Trading Pro-
gram)」が，大気浄化法（Clean Air Act）の改正という形で導入された
こともあって，直接規制を柔軟化することで経済的手段に近づいていく
というアプローチをとることになりました。この結果，排出取引プログ
ラムは排出量取引制度と直接規制のポリシー・ミックスという形態をと
ることになりました。

　これら２つの事例はいずれも，直接規制と経済的手段のポリシー・ミ
ックスとみなすことができます。1990年代に入ると，地球温暖化問題の
顕在化に伴って，環境税や排出量取引制度の導入が盛んになっていきま
す。その中で，直接規制と経済的手段のポリシー・ミックスだけでな
く，経済的手段同士のポリシー・ミックスも行われるようになっていき
ます。イギリスの気候変動政策はその典型例であり，税（「気候変動
税」）と自主協定制度，そして排出量取引制度（UK ETS）を組み合わ
せることで，大規模排出源の経済的負担を軽減しながらその効率的な排
出削減を促進し，さらに大規模排出源以外のセクターに対しても，排出
削減インセンティブを与えようとしていました。

　このように，経済的手段をそれ単独ではなく，他の政策手段とのポリ
シー・ミックスの枠内で活用していくという現実の環境政策の傾向がは
っきりしてくると，なぜそうなるのかを問う必要性が出てきます。つま
り，経済学はこれまで，直接規制と経済的手段を比較し，後者が前者よ
りもより小さい費用で環境目標を達成できることを数々の理論的・実証

的研究で明らかにしようとしてきました。ここから引き出される政策的含意は，直接規制を廃止して経済的手段によって置き換えることは，環境政策の費用効率性を改善できるので望ましいということでした。にもかかわらず，経済的手段による直接規制の代替は現実には起こらず，むしろ直接規制と経済的手段によるポリシー・ミックスの形成が進みました。これは，現実の環境政策において直接規制を廃止できない何らかの理由があると考えるべきでしょう。

　そうであれば，現実の経済的手段がポリシー・ミックスの枠組みで導入されざるを得ない理由を明らかにすることが，環境経済学の大きな理論的課題になります。さらに進んで，導入されたさまざまなタイプのポリシー・ミックスの分析を進め，費用効率性，動学的効率性（技術革新へのインセンティブ），分配影響，さらには，その環境政策上の効果などの観点から評価することが重要になります。そして最終的には，さまざまなタイプのポリシー・ミックスを比較分析する中から，「より望ましいポリシー・ミックスとは何か」という問いに一定の回答を与えることも，環境経済学の重要な課題の1つになるでしょう。

　本章ではポリシー・ミックスを，「複数の環境政策手段を相互に有機的な形で組み合わせることで，複数政策目標を達成しようとする試み」と定義し，その経済分析の枠組みを提示することにしたいと思います。ポリシー・ミックスは現実が先行し，その理論的・実証的研究は国内外で遅れています。そこで，以下ではまず，複数政策手段を組み合わせることを正当化する理論的根拠を検討し，その後，ポリシー・ミックスにはどのような類型が存在するのかを明らかにします。その上で，ポリシー・ミックス類型の代表的なものについて，経済分析の枠組みを提示することにしたいと思います。

2．ポリシー・ミックスの類型

　現実の環境政策では，どのような政策手段の組み合わせが行われているのでしょうか。表7-1は，さまざまな環境領域において，各国が採用しているポリシー・ミックスのあり方を示しています。この中で第1行目に示されているのは，上述の「排出取引プログラム」です。これは，アメリカで直接規制を改革しつつ，大気汚染物質をより費用効率的に削減する目的をもって導入されたプログラムで，排出量取引制度と直接規制のポリシー・ミックスと見ることができます。

　第2行目のドイツ排水課徴金，これは1981年以来実施されているもので，税，直接規制，補助金という3政策手段のポリシー・ミックスとみなすことができます。直接規制上の目標を満たせば税率が割り引かれるという形で，税と直接規制が相互に有機的に組み合わされていますが，これは，目標達成へのインセンティブを与えるとともに，被規制者の税負担を大幅に減らす点で有効な手法とみなされたからです（諸富，2000，pp. 115-121）。

　他方，第3行目の日本の公害対策では，厳格な直接規制が補助金や低利融資制度と組み合わされました。直接規制が要求する厳しい排出基準

表7-1　環境政策とポリシー・ミックス

	税	排出量取引	直接規制	自主協定	補助金
1 排出取引プログラム（米）		○	○		
2 排水課徴金（独）	○		○		○
3 公害対策（日本）			○	△	○
4 気候変動政策（デンマーク）	○			○	
5 気候変動政策（英）	○	○		○	

を満たそうとすれば，被規制者は公害防止投資に多大な費用負担をせざるを得ません。そこで，このことによる分配問題を緩和する役割が，補助金や低利融資制度に割り当てられたのです。

表の第4行目（デンマーク）と第5行目（イギリス）のポリシー・ミックスは，気候変動政策に関わるものです。デンマークとイギリスに共通の特徴は，被規制者が政府と協定を締結すれば税率割引が得られるという形で，税と自主協定という2つの政策手段を組み合わせている点にあります。イギリスの場合は，これにさらに排出量取引制度が加わっています。

このように，経済的手段を他の政策手段とのポリシー・ミックスの枠内で導入せざるを得ないのは，なぜでしょうか。この問いに対しては，少なくとも次の3つの回答を用意することができます。第1は「集積性・蓄積性汚染の未然防止」，第2は「分配問題の回避」，そして第3は「産業国際競争力の維持」です。このうち「集積性・蓄積性汚染」とは，ある地域で汚染物質が集中的に排出されたり（「集積性汚染」），あるいは，長い期間にわたって排出されたりすることで，その汚染物質が当該地域に蓄積していき（「蓄積性汚染」），やがては人間と生態系に不可逆的な環境被害を及ぼす場合を指します。次節で詳細に展開するように，排出量取引制度や税単独の場合には，ある特定地域で集中的に汚染物質が排出される可能性を排除できません。したがって，直接規制をかけて取引に制限を課すことで不可逆的な環境被害の発生を未然防止しているのです。

以上が，ポリシー・ミックスの類型とそれが形成される理由です。環境経済学にとっての課題は，ポリシー・ミックスをどのようにして経済分析の俎上に載せるかという点にあります。そこで次節では，ポリシー・ミックスの経済分析の枠組みを検討することにしましょう。ここで

　重要なのは，ポリシー・ミックスの本質が「価格規制」と「量的規制」の組み合わせにあるという点です。「量的規制」はさらに，ミクロ的な「個別排出源規制」とマクロ的な「総量規制」に区別されるので，ポリシー・ミックスの主要な形態を整理すると以下のようになります。

　①排出量取引制度と直接規制のポリシー・ミックス

　　⇒「総量規制」＋「個別排出源規制」＋「取引」

　②環境税と直接規制のポリシー・ミックス

　　⇒「価格規制」＋「個別排出源規制」

　③環境税と排出量取引制度のポリシー・ミックス

　　⇒「価格規制」＋「総量規制」＋「取引」

　このように，主要なポリシー・ミックスは，何らかの形で価格規制と量的規制が組み合わされたものとして理解できます。次の第3節では，上記①～②のポリシー・ミックス類型の経済分析について取り扱うことにしたいと思います。

3.　主要ポリシー・ミックス類型に関する経済分析の枠組み

（1）排出量取引制度＋直接規制のポリシー・ミックス

　すでに説明したように，アメリカの「排出取引プログラム」は，排出量取引制度そのものを創設したわけではありませんが，大気汚染対策上の直接規制を緩和し，一定の枠内で排出源同士の取引を許容した点で，原初的な排出量取引制度だとみなすことができます。この政策は，米国連邦環境庁によって1986年に1つのプログラムとして統合されたものであり，ネッティング（1974年導入），オフセット（1976年導入），バブル（1979年導入），バンキング（1979年導入）の4つの政策からなります。

　アメリカでは，それまでの厳格な直接規制に基づいた大気汚染対策

が，地域の経済成長を阻害しているという批判にさらされた結果，1970年代後半に規制の適用を柔軟化する改革が行われました。その結果生まれたのが「排出取引プログラム」です。このプログラムは当初，まさに環境経済学が推奨してきた排出量取引制度を現実に適用したものとして大きな注目を浴びました。しかし，実証研究の進展につれて，期待したほど大きな費用改善効果が得られていないことが判明し，経済学者の間に失望が広がりました（諸富，2000，第2章）。

　理論で想定されるほど排出取引プログラムの費用効率性が高くなかったことの原因としていくつかの要因が指摘されていますが，最も重要なのは，取引そのものに課せられた環境政策上の制約です。つまり，取引の結果として排出量は少なくとも一定か，あるいは現状よりも削減されていなくてはならず，増大することは許されていません。取引に対してこのような制約が設けられたのは，取引の結果として地域環境が悪化するのを防ごうとしたからです。逆にいえば，制約のない排出量取引制度の下では，大規模排出源が大量に排出権を購入し，立地地域で大量に汚染物質の排出を行うことで，その地域に甚大な環境被害を発生させる可能性があります。したがって，排出許可証の獲得に上限を課し，地域環境を悪化させないよう取引に規制をかける必要があったのです。

　このように，アメリカの排出取引プログラムは，なぜ排出量取引制度がポリシー・ミックスの枠組みで導入されざるを得ないのかを理解する上で，極めて有用な実例を提供してくれています。本節では，排出取引プログラムを排出量取引制度と個別排出源に対する直接規制のポリシー・ミックスと見て分析することにしたいと思います。図7-1は，このような排出取引プログラムをモデル化したものです。

　今，異なる排出削減費用曲線を有する企業 i と j が存在するとしましょう。図の横軸には排出量，縦軸には価格と限界費用がとられていま

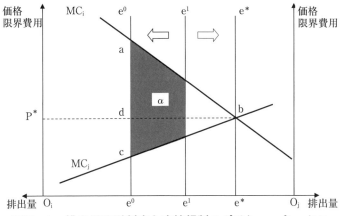

図7-1　排出量取引制度と直接規制のポリシー・ミックス

す。ただし，企業 i の原点を O_i，企業 j の原点を O_j としてそれぞれの限界排出削減費用曲線が描かれています。やはり，通常想定されているように，排出量をゼロに向けて削減していくにつれて，その限界費用は上昇していくとしましょう。

さて，この分析枠組みにおける「量的規制」の要素は2点あります。第1は，総量規制です。企業 i と j を合わせた排出量合計は，図の O_i O_j の長さによって表わされる総量規制によって限界を画されています。排出権は $O_i O_j$ の長さに相当する量だけしか発行されませんから，取引によって排出許可証が企業 i と j の間でどのように配分されようとも，両企業の排出量合計が $O_i O_j$ を越えることはありません。「量的規制」の要素の第2点目は，個別排出源に対する最大許容排出量の設定です。これは，図の e^0，e^1，e^* における垂線によって表わされます。まず，e^0 は両企業に対する現行の個別排出源規制を示しています。これに対して，後述するように，排出量取引制度を導入し，排出源同士で自由に取引を許容した結果として実現するのが e^* です。ところが，e^* が実現し

てしまうと企業 i に排出許可証が集中し，企業 i の立地する地域で集積性汚染が発生するおそれがあります。この場合，政策当局は個別排出源（ここでは企業 i）に対して，最大許容排出量の設定という形で規制を行います。最大許容排出量は，e^0 と e^* の間のどこかに設けられるという意味で，図の e^1 によって示されています。

　以上の設定の下に，いま各排出源は直接規制によって e^0 の水準を満たすよう求められているとしましょう。企業 i と j の限界排出削減費用は異なっているので，排出量 e^0 を実現するための限界的な費用は，企業 i にとっては非常に高くつきますが（図の点 a の高さ），企業 j にとっては相対的に低いものとなります（図の点 c の高さ）。ここに，両企業間で排出量取引が行われる動機が存在します。e^0 から出発してどこまで取引が行われるかというと，両企業の限界費用が一致する e^* までです。この点で均衡排出権価格 p^* が成立し，両企業の限界費用が均等化される結果，総削減費用の最小化が実現されます。

　企業 i は e^* まで削減するだけでよくなった代わりに，$[e^*-e^0]$ に相当する排出権を企業 j から価格 p^* で購入することになります。それでも企業 i にとっては図の abd だけの経済的余剰が発生します。なぜなら，もし自ら e^0 の水準まで排出を追加的に削減しようとすれば，企業 i の費用負担は abe^*e^0 になりますが，排出権購入額は dbe^*e^0 なので，その差額 abd が企業 i にとっての経済的余剰となるからです。他方，企業 j は図の dbc だけの経済的余剰を得ます。企業 j は e^0 からさらに e^* まで追加的に排出削減を行うことになりますが，その費用 $cb\,e^*e^0$ に対して，排出権売却収入 dbe^*e^0 を企業 i から得ることができますので，その差額 dbc だけの経済的余剰が発生するからです。以上より，この取引の結果として合計 abc（＝abd＋dbc）だけの経済的余剰が発生することがわかります。これが，同一の環境基準を実現するならば，直

接規制よりも排出量取引制度の方が費用効率性の観点からみて望ましいとされる理由です。

　にもかかわらず，上述のようにアメリカの排出取引プログラムは総量規制の下で最大限に費用効率性を発揮できる仕組みにはなっていません。それは，取引に制約をかけることによって，集積性汚染を未然防止するためでした。このことを図7-1を用いて示せば次のようになるでしょう。図の $e^1 e^1$ の垂線は，取引可能な排出量に上限が課されることを示しています。この結果，取引できるのは最大でも排出量 $[e^1 - e^0]$ に相当する排出権だけになります。したがって，取引によって得られる経済的余剰は，図の abc から a の大きさに縮小します。このとき，両企業の限界費用は均等化されていないので，費用最小化は実現されていない点に留意する必要があります。

　こうして，個々の取引に対する上限を厳しく設定すればするほど，図の垂線 $e^1 e^1$ は左方へ移動し，限りなく垂線 $e^0 e^0$ に近づきます。その結果，経済的余剰 a の大きさもいっそう縮小していきます。逆に，個々の取引に対する上限を緩和していけば，$e^1 e^1$ は右方へ移動し，経済的余剰 a の大きさも拡大していきます。垂線 $e^0 e^0$ と垂線 $e^1 e^1$ の間のどこで個々の取引に対する制約を課すべきなのかは，理論で一義的に決められる問題ではなく，自然科学的な知見に基づいて，社会の合意によって決定すべき問題です。

　以上が，排出量取引制度と直接規制のポリシー・ミックスに関する経済分析の枠組みです。興味深いのは，複数政策目標を複数政策手段によって同時達成することが意図されている点です。つまり，排出量取引制度に対しては，排出総量をコントロールするとともに，既存の直接規制体系の効率性を改善する役割が割り当てられています。他方，直接規制に対しては，個別排出源規制を通じて当該地域で集積性汚染が発生しな

いよう未然防止する役割が割り当てられています。こうしてこのポリシー・ミックスは，総量規制を維持しながら規制体系の効率性改善を図るとともに，集積性汚染の未然防止を図るという点で，複数政策目標を同時に達成することを狙ったポリシー・ミックスとなっていることがわかります。結果として，このポリシー・ミックスは費用最小化の実現を犠牲にすることになりましたが，それは，集積性汚染の未然防止のためには，ある程度効率性を犠牲にすることもやむを得ないという社会的意思決定の結果を反映したものと見ることができるでしょう。

（2）税＋直接規制（＋補助金）のポリシー・ミックス

　「集積性・蓄積性汚染の未然防止」は，税と直接規制のポリシー・ミックスに関しても，その形成を説明する重要な理由となっています。環境税の場合は，汚染物質の排出に対して課税がなされるので，排出者にとっては，税率と限界費用が均等化する水準で汚染物質の排出を決定することが最適です。しかし，排出者にとって最適であることが，環境にとって最適である保障はありません。その排出水準で短期的には問題が生じない場合であっても，当該汚染物質が長期的にその地域に蓄積されていき，将来のある時点で不可逆的な環境被害を引き起こすかもしれません。このような，特定地域における長期微量汚染の蓄積による環境被害の顕在化は，マクロ的には環境を制御し得ているはずでも，ミクロ的には生じ得る可能性があります。

　例えば，第6章第3節で議論したように，環境税（ボーモル＝オーツ税）の導入によって達成する政策目標を，持続可能性の公準（環境政策目標決定に関する第1のアプローチ）に基づいて最小安全基準に設定したとしましょう。このことによって，汚染総量のコントロールは問題のない水準に制御できるかもしれません。しかし，地域的には汚染物質が

その地域環境の許容水準を超えて集中的に排出され，集積性汚染が発生してしまう可能性があります。というのは，制約のない環境税の下では，税さえ負担していれば地域的な許容水準と関係なく排出を無制限に行うことが許されるからです。

さらに難しいのは，長期微量汚染の問題であって，現時点では許容範囲内とされる量の排出であっても，その汚染物質が時間軸を通じて長期的に蓄積していけば，将来的には閾値（しきいち）を超え，不可逆的な環境問題を引き起こしてしまうかもしれません。したがって，集積性汚染や蓄積性汚染問題を未然防止するためには，マクロ的な汚染物質排出総量のコントロールだけでなく，個別排出源規制を通じて地域の環境容量を超えないよう汚染物質の排出を制御することが必要になります。実は，1981年に導入されたドイツの排水課徴金は，このような理由から環境税と直接規制のポリシー・ミックスとなったのです。

図7-2は，ドイツ排水課徴金をこの観点からモデル化したものです。他の図と同様に，縦軸には限界費用と税率，横軸には汚染物質の排出量がとられています。MC は各企業の限界排出削減費用を示しています。ドイツ排水課徴金の最大の特徴は，直接規制上の排出基準を満たせば，税率が割り引かれるという形で直接規制と課徴金が有機的に組み合わされている点にあります。図では，排水課徴金の通常税率が t の水準で設定されているものの，直接規制上の排出基準 e^2 を満たせば，税率が１／２に割り引かれることを示しています。したがって，この場合には税率構造は図のように屈曲した形になります。このとき，各企業は自らの限界費用と課徴金税率が等しくなる水準で排出量を決定する結果，企業１の排出量は e^1，企業２は e^2，企業３は e^3 となります。この場合，各企業の限界費用は均等化しないので，費用最小化は達成されません。

図では，直接規制上の排出基準 e^2 は，集積性・蓄積性汚染を引き起

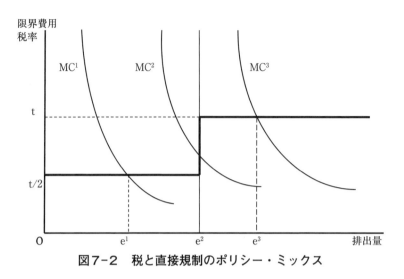

図7-2　税と直接規制のポリシー・ミックス

こさないような水準に設定されています。直接規制のこの役割を廃止できないからこそ，ドイツ排水課徴金は直接規制とのポリシー・ミックスの枠内で導入されざるを得なかったのです。そうであれば，課徴金導入の意義は一体どこに求められるのでしょうか。それは，費用効率的に排出削減目標を達成する点にではなく，むしろ排出基準 e^2 の達成を促進するインセンティブを与えることができる点に求めることができるのです。つまり図の企業3には，排出基準 e^2 を満たして適用税率が1／2になれば税負担の軽減がもたらされるため，排出削減を進めるインセンティブが生まれます。ここで税率割引に与えられている役割は，基準を達成した者と基準未達成の者とを区別し，前者に適用される税率を優遇することで，基準達成へのインセンティブを生み出すことにあります。したがってこのポリシー・ミックスは，規制体系上は直接規制が主導的な役割を果たし，税はそれを補完する役割を担っているといえるでしょう。

　ドイツ排水課徴金が，ポリシー・ミックスの枠組みで導入されたもう 1つの大きな理由は，「分配問題の緩和」です。環境税は，たしかに直接規制よりも費用効率的かもしれませんが，直接規制とは異なる大きな特徴があります。それは税の場合，排出削減費用に加えて「残余汚染」（最適水準まで排出を削減したあと，なお排出する汚染）に対して，税負担がかかる点です。これに対して直接規制の場合は，基準を満たせば追加負担はありません。このように環境税の場合，税負担が存在することが現実の政策への導入の大きな障害となり，それが導入される場合でも，ポリシー・ミックスとならざるを得ない大きな要因となってきました。図7-2の割引税率も，基準達成へのインセンティブを与えるという役割だけでなく，残余汚染に対する税負担を軽減するという効果をもっている点に留意する必要があります。残余汚染に対する割引税率の適用によって税負担を軽減するという手法は，後に，イギリスの気候変動税にも引き継がれていくことになります。

　こうしてドイツ排水課徴金は，直接規制と税のポリシー・ミックスとなっている点に特徴があります。このポリシー・ミックスにおいて，ドイツ排水課徴金は，直接規制に対してはミクロ的な集積性・蓄積性汚染の未然防止の役割を割り当て，課徴金には直接規制と結びつく形で割引税率を適用することで，排出基準の達成を側面支援するとともに，残余汚染に対する税負担を軽減するという役割を割り当てています。

　このように経済的手段の実際は理論から乖離しており，その理由はこれまで述べてきたとおりです。たしかに費用効率性の観点からは，現実の環境税は望ましくないという結論を引き出し得ますが，ここまで見てきたように，環境政策の現実と照らし合わせながらその実態をより詳細に検証してみると，理論と実際の乖離は望ましくないと簡単に片付けられないことがわかります。そしてこのことは，直接規制が果たす役割の

128

積極的な評価へとつながっていくのです。

参考文献

新澤秀則（1997），「排出許可証取引」植田和弘・新澤秀則・岡敏弘（1997）『環境政策の経済学―理論と現実』日本評論社，147-190頁．
諸富徹（2000），『環境税の理論と実際』有斐閣．
諸富徹（2001），「環境税を中心とするポリシー・ミックスの構築―地球温暖化防止のための国内政策手段―」『エコノミア』第52巻第1号，97-119頁．
諸富徹編（2009），『環境政策のポリシー・ミックス』ミネルヴァ書房．
諸富徹・山岸尚之編（2010），『脱炭素社会とポリシーミックス』日本評論社．

学習課題

【問題1】

現実の環境政策で経済的手段は，なぜ単独ではなく，直接規制とのポリシー・ミックスの枠組みで導入されているのでしょうか。ポリシー・ミックスの具体的な事例を手掛かりに，その理由を説明しなさい。

【問題2】

経済的手段を単独ではなく，ポリシー・ミックスの枠組みで用いることの問題点を説明し，そうした問題が生じる理由を述べなさい。

8 │ 環境政策における経済的手段の 理論と実際

│ 諸富 徹

《この章のねらい》「カーボンプライシング（炭素の価格づけ）」をはじめ，環境政策における経済的手段の適用は，世界中に広がっています。それらは，実際に問題解決に効果があったのか，また，環境経済理論にどれだけ忠実／乖離しているのかを検証し，その背景理由を解説します。
《キーワード》 炭素税，カーボンプライシング，地球温暖化対策税（温対税），環境税制改革，二重の配当，炭素生産性

1. はじめに

　第6章と第7章では，環境政策手段の経済分析について，そのポリシー・ミックスも含めて理論的なフレームワークを解説しました。本章では一転して，環境政策手段，とりわけその経済的手段の実際について，気候変動政策を例にとって見ていくことにしたいと思います。伝統的な公害問題と異なって，集積性・蓄積性の汚染問題ではない気候変動問題は比較的，経済的手段による問題解決を図りやすいといえます。

　とはいえ，気候変動問題で活用されている経済的手段は，実際には，理論の想定と異なった形で導入されている結果，理論が期待しているような効果を発揮し得ていないという問題を同様に抱えています。以下で見ていくように，日本の地球温暖化対策税（「温対税」）も，ボーモル＝オーツ税としての視点で見れば，望ましい水準よりははるかに低い水準

に税率が設定されています。この結果，課税面だけでは十分に期待される効果を発揮できないでいます。

　これを補うために，その税収は温暖化対策のための補助金に使途が限定されており，温対税は総体として，「税と補助金のポリシー・ミックス」になっているといえるでしょう。こうして経済的手段の実際は，理論と乖離しながらも，その実効性を確保するためにポリシー・ミックスの構築をはじめ，さまざまな工夫が重ねられています。

2.　カーボンプライシングとは何か

　気候変動に関する国際枠組みとしての「パリ協定」が採択され，今世紀後半までに世界全体で排出量を実質ゼロにすることに合意しました。これを受けて各国には，今世紀半ばに向けて，具体的に温室効果ガスをどのように削減していくのか，その道筋（「長期低炭素発展戦略」）を策定，2020年までに国連に提出することが義務づけられています。

　日本は，2016年5月に閣議決定された「地球温暖化対策計画」において，「2050年までに80％の温室効果ガスの排出削減を目指す」ことを謳っています。そしてそれを実現する手段として，これから議論の大きな焦点となるのが，「カーボンプライシング（Carbon Pricing）」という考え方です。

　「カーボンプライシング」とはそのまま訳せば「炭素への価格づけ」となります。二酸化炭素などの温室効果ガスの排出は，温暖化の促進という形で地球環境に負の影響を与えるにもかかわらず，適切な価格づけがなされておらず（いわばタダで排出できるため），その排出に歯止めがかかっていないという問題意識がその背景にあります。

　炭素への価格づけは，具体的には炭素税（Carbon Tax）か排出量取引制度（Emissions Trading）を通じて行われます。これらは本書第6

表8-1 カーボンプライシング導入の進展

年	国・地域	内容
1990年	フィンランド	炭素税（Carbon tax）導入
1991年	スウェーデン	CO₂税（CO₂ tax）導入
	ノルウェー	CO₂税（CO₂ tax）導入
1992年	デンマーク	CO₂税（CO₂ tax）導入
1999年	ドイツ	電気税（Electricity tax）導入
	イタリア	鉱油税（Excises on mineral oils）の改正（石炭等を追加）
2001年	イギリス	気候変動税（Climate change levy）導入
＜参考＞2003年10月「エネルギー製品と電力に対する課税に関する枠組みEC指令」公布【2004年1月発効】		
2004年	オランダ	一般燃料税を既存のエネルギー税制に統合（石炭についてのみ燃料税として存続（Tax on coal））規制エネルギー税をエネルギー税（Energy tax）改組
2005年	EU	EU排出量取引制度（EU Emissions Trading Scheme, EU-ETS）導入
2006年	ドイツ	鉱油税をエネルギー税（Energy tax）に改組（石炭を追加）
2007年	フランス	石炭税（Coal tax）導入
2008年	スイス	CO₂税（CO₂ levy）導入
		スイス排出量取引制度（Swiss Emissions Trading Scheme）導入
	カナダ（ブリティッシュ・コロンビア州）	炭素税（Carbon tax）導入
2009年	米国（北東部州）	北東部州地域GHGイニシアチブ（RGGI）排出量取引制度（RGGI CO₂ Budget Trading Program）導入
2010年	アイルランド	炭素税（Carbon tax）導入
2010年	東京都	東京都温室効果ガス排出総量削減義務と排出量取引制度導入
2011年	埼玉県	埼玉県目標設定型排出量取引制度導入
2012年	日本	「地球温暖化対策のための税」導入
2013年	米国（カリフォルニア州）	カリフォルニア州排出量取引制度（California Cap-and-Trade Program）導入
2014年	フランス	炭素税（Carbon tax）導入
	メキシコ	炭素税（Carbon tax）導入
2015年	ポルトガル	炭素税（Carbon tax）導入
2015年	韓国	韓国排出量取引制度（K-ETS）導入
	チリ	炭素税（Carbon tax）導入
2017年	カナダ（アルバータ州）	炭素税（Carbon levy）導入
	コロンビア	炭素税（Carbon tax）導入
2017年	中国	中国全国排出量取引制度導入を発表
2018年	アルゼンチン	炭素税（Carbon tax）導入
	南アフリカ	炭素税（Carbon tax）導入
2019年	カナダ	2018年までに国内全ての州及び準州に炭素税（Carbon tax）または排出量取引制度（C&T）の導入を義務付け。2019年以降，未導入の州・準州には，炭素税と排出量取引制度双方を課す「連邦バックストップ」を適用。
	シンガポール	炭素税（Carbon tax）導入

＜出所＞ 環境省「カーボンプライシングのあり方に関する検討会」とりまとめ「参考資料集」スライド176枚目。

章・第7章でも議論しましたように，環境経済学では「環境政策手段における経済的手段（Economic Instruments for Environmental Policies）」とよばれ，環境汚染物質の排出を削減する費用効率的な手法として知られています。近年，国際的にも両者はまとめてカーボンプライシングとして括られ，この名称が急速に普及してきました。そして，OECDや

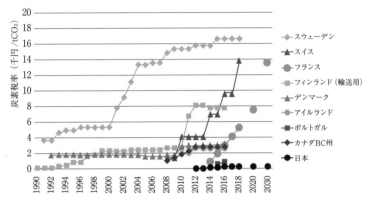

(出典) みずほ情報総研
(注1) スイスの2018年の炭素税率は96〜120CHF/tCO₂と幅があるが，ここでは最も高い税率を適用。
(注2) 為替レート：1CAD＝約95円，1CHF＝約116円，1EUR＝約135円，1DKK＝約18円，1SEK＝約15円。(2013〜2015年の為替レート（TTM）の平均値,みずほ銀行)

図8-1　各国における炭素税率の推移

＜出所＞ 税制全体のグリーン化推進検討会2016年度第1回「資料3　国内外に
おける税制のグリーン化に関する状況について」スライド20枚目。

世界銀行などの国際機関によっても，カーボンプライシングの導入によ
る温室効果ガスのさらなる排出削減が推奨されています。

　なぜ，カーボンプライシングの採用が推奨されるのでしょうか。それ
は，炭素税や排出量取引制度を導入することで，温室効果ガス排出に適
切な価格づけを行うことが可能になるからです。つまりこれらは，温室
効果ガスを多く排出する者はより多く費用を負担し，逆に，その削減に
努力する者は費用負担が軽くなるという仕組みの導入を通じて，温室効
果ガス排出削減に向けた公平で，効率的な経済的インセンティブを付与
することを目的としています。

　カーボンプライシングは表8-1に示されているように，1990年代初
頭に北欧諸国が炭素税を導入したことによって，その実践が開始されま
した。当初は，欧州が中心でしたが，その後，世界的にカーボンプライ
シング導入の試みは拡大し，今後も時間の経過とともにその導入国／地

域は増大していくと見込まれます。東アジアでは中国（市政府レベル）や韓国が排出量取引制度を導入済みです。

　日本は，2012年に温暖化対策税（炭素税）を導入しましたが，排出量取引制度はまだ導入されていません。しかも，日本の炭素税率はCO$_2$トン当たり289円と，5,506円のフランスや16,723円のスウェーデンなどと比較して桁違いに低いため，残念ながら十分な効果を発揮できていないのが実情です。しかも，各国とも時間の経過とともに炭素税率を引き上げており，日本の税率との格差は広がるばかりです（図8-1を参照）。

　日本が温室効果ガス排出を，パリ協定の求める方向に沿って大幅に削減することを目指すならば，温対税の税率水準を引き上げていく必要があります。ところが，この点をめぐって日本政府内では環境省と経済産業省とで，明確に考え方の違いが見られます。環境省は，カーボンプライシングの導入に積極的であるのに対し，経済産業省は慎重です。

　こうした考え方の相違が生じるのは，温暖化対策（あるいはカーボンプライシングの導入）が，日本の産業競争力に悪影響を与え，ひいては日本経済に打撃を与えると考えるか否かにかかっています。しかし興味深いことに，1990年代以降の世界のカーボンプライシングの実践と各国経済の関係を検証してみると，むしろ温暖化対策に熱心な国ほど，温室効果ガスの排出削減だけでなく，経済成長率も高く，環境と経済の両立に成功していることがわかってきました。

3. 炭素税と排出量取引制度

（1）炭素税と日本の温暖化対策税

　カーボンプライシングのうち炭素税は，炭素排出を課税ベースとし，適切な税率で課税することで，二酸化炭素の排出抑制を目指す租税を指

します（典型的には，X円／CO_2トンという税率設定になります）。炭素税が導入されると，温室効果ガスを排出する経済活動の費用が高くつくようになります。環境に負荷を与えるほど税負担が増大するため，企業としては，二酸化炭素の排出を，みずからの排出削減費用と税負担の合計が最小化される水準まで削減することが合理的になります。このように環境税は，それまでは無料であった炭素排出に対し，適切な価格づけを行うことで，企業に排出削減を促す効果をもちます。

　では，炭素税は具体的に，どのような仕組みになるのでしょうか。以下，日本の炭素税である温暖化対策税を例にとって見てみましょう。これは，既存の「石油石炭税」に，二酸化炭素排出量に比例した化石燃料課税を新しく上乗せするという形で導入されました。石油石炭税とは，化石燃料の輸入段階で石炭，石油，天然ガスなどあらゆる化石燃料に対してかけられ，その税収は，いったん一般会計に入ります。その上で，必要に応じて経産省が所管する「石油及びエネルギー需給構造高度化対策特別会計」に繰り入れられ，温暖化対策に用いられます。

　もともとこの税は，石油ショックを契機に導入されたので，その税率設定の考え方は，何ら温暖化対策と関係がありませんでした。結果，石炭が低率でしか課税されていない，という問題がありました。そこで温対税により，あらゆる化石燃料に対して，一律に炭素比例で課税する枠組みができました。

　表8-2は，日本の既存エネルギー関連税を整理して一覧表にまとめたものです。これを見ればわかるように，石油石炭税の最大の特徴は，化石燃料の輸入段階（表8-2では「上流」と表現）で，非常に幅広く化石燃料をとらえて課されているという点にあります。この特徴から，すべての化石燃料に一律に炭素比例課税を実施するには，石油石炭税の活用がもっとも望ましいことがわかります。

表8-2　既存エネルギー関連税の課税ベース

		課税対象								
上流	課税標準	天然ガス	石油・石油製品						石炭	電力
	税目	石油石炭税								
下流	課税標準	天然ガス	ガソリン	軽油	LPG	灯油	重油	ジェット燃料	石炭	電力
	税目		ガソリン税*	軽油引取税	石油ガス税			航空機燃料税		電源開発促進税

　　　　は現行税制の下で課税されている課税対象を示す。
＊「ガソリン税」とは，揮発油（＝ガソリン）に課税ベースを置く「揮発油税」と「地方道路税」を総称する名称である。

　日本の温暖化対策税の課題は，その税率水準にあります。上述のように，他の炭素税導入国と比較しても，日本の温対税の税率水準はあまりにも低いのです。その結果，税単独ではほとんど排出削減へ向けたインセンティブ効果をもちません。国立環境研究所の推計によれば，この税の温室効果ガス排出削減効果は1990年比で2020年にわずか0.2%，限りなくゼロに近くなります。もっとも，この税収は一般会計を通じて温暖化対策に充てられており，その支出効果でようやく0.5～2.2%の削減効果が可能だと推計されているにすぎません。

　2050年に向けて日本の温室効果ガス排出を80%削減するには，温対税の税率を段階的に引き上げていくことが不可欠になります。もちろん，それがもたらすマクロ経済や産業への負の影響，さらには家計に対する逆進的な影響に対しては，対処する必要があります。1つの方法は，以下で詳述しているように，炭素税を「環境税制改革」の枠組みで導入することです。これは一方で炭素税を導入し，他方で社会保険料，所得

税，法人税など，他の負担を削減し，税減税同額の税収中立的な税制改革を実施することです。イギリス，ドイツなど，こうした枠組みで炭素税を導入した国々では，経済成長に大きな影響を与えることなく，むしろ雇用を増やしつつ温室効果ガスの排出削減が可能となっています。

もう1つの方法は，炭素集約的で，国際競争にさらされている産業を特定化し，その産業に対しては政府との協定，もしくは排出量取引制度の枠組みに入ることを条件に，税率を大幅に割り引くか，減免してしまうことが考えられます。欧州排出量取引制度（EU ETS）の導入国ではほとんどすべての国々が，こうした枠組みを導入しています。

（2）「環境税制改革」とは何か

環境税の導入は，新たな税収を生み出します。その税収を環境対策ではなく，所得税，法人税，消費税など，他の既存税を削減することを用いることで，税収中立的な税制改革を行うことも可能です。こうして税制全体を環境保全型に転換することを，「環境税制改革」といいます。これは税収中立的な税制改革なので，環境税導入のマクロ経済的な悪影響を緩和できるという利点があります。炭素・エネルギー税を導入した欧州諸国は，それと引き換えに企業の社会保険料負担を引き下げました。社会保険料負担は，企業にとって給与と同様，労働者を1人雇うことのコストです。このコストを引き下げるよう税収中立的な環境税制改革を実施すれば，「環境保全」と「雇用の増大」という2つの果実を同時に得ることができます。

環境税制改革を実施する場合，減税対象となる税目は法人税でもよいし，所得税を選択するのも一案です。例えば，1990年代初頭に炭素・エネルギー税を導入したスウェーデンは，所得税減税を選択しました。しかし，90年代半ばごろから，社会保険料負担が減税対象として選択され

るようになっていきます。まず，デンマークが1995年に先陣を切って，企業に対する炭素税の導入と社会保険料負担の削減を内容とする環境税制改革を実施しました。1999年にはドイツ，そして2000年にはイギリスがこれに続きました。それにしても，なぜ社会保険料が減税対象として選ばれるのかという疑問が生じます。一見，社会保険料は環境と何の関係もないように見えるからです。

　実は，これらの国々が社会保険料負担の軽減を選択したのは，環境保全と雇用拡大を両立させようとしたからでした。環境税の導入は，経済成長を阻害し，企業の国際競争力を弱めることによって失業を生み出すという批判が数多く行われてきました。とりわけ，この批判は潜在的に大きな税収を生み出し，マクロ経済的に大きな影響を与える可能性のある炭素・エネルギー税に対して当てはまるように思われました。そこで，この批判に応える中から，環境を保全しながら雇用も拡大する方途として，税収中立的な枠組みの中で環境税を導入し，それと引き換えに社会保険料負担を削減する環境税制改革のアイディアが生み出されました。

　社会保険料は，企業が労働者を雇用するに当たって給与に加えて負担しなければならない点で，労働コストを構成します。逆にいえば，社会保険料負担を削減することで，企業が負担する労働コストを引き下げることができます。仮に環境税が導入されても，他方で社会保険料負担を削減して労働コストを引き下げることができれば，逆に雇用を拡大する効果が生み出される可能性があります。こうして，1つの税制改革から2つの望ましい効果（①環境税導入による環境改善効果，および，②社会保険料負担の軽減による雇用拡大効果）が生み出される可能性があり，このことを，「二重の配当」（Double Dividend）とよびます。

（3）国際的に導入の進む排出量取引制度

　他方，排出量取引制度では第6章で説明しましたように，政府が決定する温室効果ガスの許容排出総量（キャップ）の下で，各企業が排出許可証（保有排出枠）を売買します。ここでいう許容排出総量とは，個別企業に対する排出上限ではなく，一国全体，あるいは規制対象全体にとっての排出上限であることに注意する必要があります。また排出許可証とは，企業の温室効果ガス排出に対して政府がいったん規制をかけた上で，例えば1年間にXX t-CO_2だけの排出を，政府が許可することを示す証書を意味します。

　排出量取引制度導入後は，操業時に化石燃料を燃焼させてCO_2を排出する企業は，生産のために必ずこの許可証を取得するよう求められます。ここでは，政府の規制下に置かれた温室効果ガス排出のことを「排出枠」とよび，この許可証に記載されている排出量のことを，企業が暫定的に政府から排出を許可されている排出量という意味で「保有排出枠」とよぶことにしましょう。

　政府が日本全体，あるいは規制対象（通常は，温室効果ガスの大規模排出源）全体に対するキャップを決定すれば，その下で各産業部門レベル，そして各企業レベルへと段階的に降りて，キャップを一定の基準に基づいて分割していきます。そして最終的に事業所レベルに到達したところで，個々の事業所に配分される排出量が「排出枠」となり，規制も事業所レベルで行われます。もっとも「排出枠」は，必ずしも排出上限を意味しません。排出実績が保有排出枠を上回れば，他の企業から余剰排出枠を購入して遵守してもよいからです。ただ，期末においては排出実績に等しい保有排出枠を政府に提出しなければなりません。

　排出量取引制度の下で政府は，キャップに合致するだけの排出枠を個々の事業所に無償か有償で配分し，各企業には，一定期間の排出量に

等しい排出枠を，期末に政府に提出する義務が生じます。排出実績が保有排出枠を超過する場合は，排出枠まで排出を削減するか，あるいは他企業から新たに排出枠を買ってこなければなりません。逆に，排出削減を積極的に進める企業の手元には余剰排出枠が生まれるので，それを他企業に売却して収入を得て，自らの事業拡張に使ったりすることができます。それでも排出枠を遵守できない企業には，市場価格の数倍もの罰金が課されます。

　欧州は，2005年に全欧州をカバーする排出量取引制度（EU ETS）の導入で合意，これまでに世界最大規模の排出量取引制度として運用されています。北米では，連邦レベルの排出量取引制度導入をオバマ政権が目指しましたが挫折しました。しかし，北東部諸州が共同で導入している RGGI，カリフォルニア州が導入している独自の排出量取引制度など，州レベルの取り組みが進んでいます。さらにカナダ政府も政権交代でカーボンプライシング導入に積極姿勢に転じ，すべての州に対して炭素税か排出量取引制度の導入を促しています。すでにケベック州とオンタリオ州が排出量取引制度を導入しました。

　アジアでは韓国が2015年に排出量取引制度を導入しましたが，瞠目すべきは中国のきわめて迅速な動きです。2013年～2014年にかけて２省５市が次々とパイロットプロジェクトとして排出量取引制度を導入，その成果に立って2017年12月には，中国全土をカバーする全国版排出量取引制度の導入とその法案を，国家発展改革員会が発表し，2020年以降にもその本格的な運用が予定されています。

　日本は，民主党政権の下で排出量取引制度導入が2009～2010年ごろに検討され，その可否をめぐって大きな議論が巻き起こされました。結局導入にはいたらず，温対税のみが導入されました。もっとも，東京都が主として業務部門（ビルなど）を対象とした排出量取引制度を導入，大

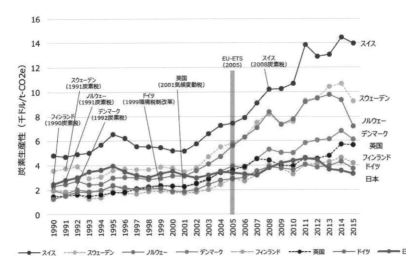

図8-2　主要国における炭素生産性の推移（当該年為替名目 GDP ベース）
＜出所＞ 環境省「カーボンプライシングのあり方に関する検討会」とりまとめ「参考資料集」スライド176枚目。

幅な省エネ効果を発揮し，海外からも高い評価を受けています。

4．カーボンプライシングの社会経済的インパクト

　カーボンプライシングが導入されると，よく経済成長に悪影響を与えるとか，産業の国際競争力が阻害されるとの主張がなされますが，本当でしょうか。これらの主張は，過去30年間のカーボンプライシングの経験から得られたデータによって，ほぼその妥当性は覆されているといってよいでしょう。

　以下，この点を「炭素生産性」という指標を用いて確認することにしたいと思います。これは，「同量の CO_2 排出で，どれだけの GDP を生み出せたか」を測る指標です。もちろん，この値は高い方が望ましいのです。図8-2に示されているように，1995年段階では日本は

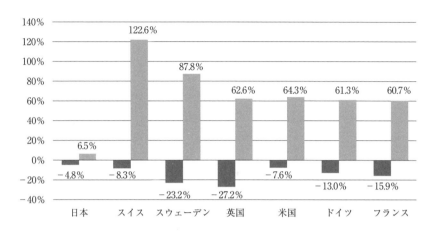

図8-3　主要国における GDP 成長率と温室効果ガス総量変化率（2015年実績／2002年実績）

＜出所＞ 環境省「カーボンプライシングのあり方に関する検討会」とりまとめ「参考資料集」スライド60枚目。

4,000ドル／CO_2トンで，先進主要国でスイスを除いてトップでした。しかしそれ以降，日本は横ばいから悪化へ向かったのに対し，欧州諸国は炭素生産性を継続的に引き上げ，日本は2000年以降，これらの国々の後塵を拝するようになりました。特にスウェーデンは，2014年時点で10,000ドル／CO_2トンを超え，日本の約３倍の生産性となっています。

　同様のことは，「エネルギー生産性」（同量のエネルギー消費で，どれだけの GDP を生み出せるかを測る指標）についてもいえます。石油ショックで日本企業が省エネに取り組んだことで，1990年代前半までの日本はトップクラスのエネルギー生産性でしたが，やはり2000年以降，次々と他国に抜かれ，その差は広がるばかりです。ちなみに，労働生産性や１人当たり GDP で見ても，同様の傾向が浮かび上がってきます。

　以上から，「日本の省エネ水準（あるいはエネルギー生産性）は世界

トップクラスだ（＝だから対策の強化は必要ない）」という産業界がよく行う主張は残念ながら，神話と化していることがわかります。

また，もう1つの神話として，温暖化対策としてカーボンプライシングを導入すると産業の国際競争力を弱体化させ，経済成長にとってマイナスだとの批判が産業界から行われてきました。しかし図8-3からも明らかなように，スウェーデンをはじめ，日本が導入するよりもはるか以前に，しかもはるかに高い税率でカーボン・プライシングを導入してきた国々は，いずれも日本よりも1人当たりGDPを引き上げ，その差を現在も広げつつあります。しかも，カーボンプライシングの価格水準と1人当たりGDPの相関を見ると，前者が高いほど後者も高いという正の相関関係が確認されています。これは，これまでの常識とはまったく逆です。「カーボンプライシングは経済成長にマイナス」という主張の妥当性は，データによって覆されているといってよいでしょう。

対して日本は，経済成長率で見ても，温室効果ガス排出削減率で見ても，明らかに低迷しています。日本以外の主要国が，経済成長と温室効果ガス排出の「切り離し」（「デカップリング」）に成功し，「脱炭素経済」へと着実に歩みを進めているのに対し，日本はいまだ旧態依然とした経済構造から抜け出せないでいる点に，日本の課題があります。

スウェーデンをはじめ，経済成長とCO_2排出の「デカップリング」を達成した国々は，20世紀の産業構造と技術の延長線上にではなく，大胆に産業構造を転換したことで初めて，「グリーン成長」を可能にしたといえます。企業レベルでも事業構造を大胆に見直すことで，時間をかけてより付加価値が高く，よりCO_2排出の少ない，つまり「高付加価値かつ脱炭素」という，両者が重なり合う事業領域へと進出することで，結果的に高収益を実現している欧州企業が多いです。

では，どのようにしてそのような産業構造転換を促せばよいのでしょ

うか。その鍵となるのが実は,「カーボンプライシング（Carbon Pricing)」なのです。デカップリングに成功した国々に共通しているのが,カーボンプライシング導入国だという点です。これはあくまでも仮説ですが,カーボンプライシングの導入が炭素集約的な産業構造からの脱却を促し,結果としてそれが産業の高付加価値化を促進したために,これらの国々の経済成長を高めた可能性が考えられます。つまりそれは,「環境政策の手段」を超えて「産業政策上の手段」や「経済成長促進政策」として機能した可能性があります。これは,カーボンプライシングが産業の国際競争力を阻害し,経済成長に負の影響を与えると考えてきた従来の観念を覆すものです。もっとも,その妥当性は実証研究によって確かめられる必要があります。

5.　カーボンプライシングのあり方

　以上,環境政策上の観点だけでなく,経済／産業政策上の観点からも,カーボンプライシング導入が望ましいことを強調してきました。では具体的に,日本でどのようなカーボンプライシングを導入するのが望ましいのでしょうか。

　上述のように,我が国にはすでに温暖化対策税が導入されています。これを活用しない手はありません。ところが,税率がきわめて低いので,現在の石油石炭税上乗せの炭素比例税の形を継承しつつ,その税率を環境政策上の効果を十分に発揮しうる水準まで段階的に引き上げることが重要です。税率が高まるにつれ,それがもたらす経済／産業への影響も大きくなるため,それに対する配慮が必要になります。

　第1に,環境税収を社会保険料引き下げや家計への還付等で相殺する「環境税制改革」を実施し,税収中立的な設計とすることで,副作用を抑えながら環境税率を引き上げる方法を検討しなければなりません。

　第2に，それでもなお残る，炭素集約型産業の税負担を軽減するには，次の2つが考えられます。1つの方法として，温室効果ガス大量排出者に対して排出量取引制度を導入し，費用効率的に総量規制を行う仕組みを整えた上で，排出量取引制度の参加企業に対しては，環境税を免除するというやり方があり得ます。これは，欧州排出量取引制度（EU ETS）を導入している欧州諸国のほぼすべてが導入している方法です。

　もう1つの方法は，国境調整です。ちょうど消費税のように，温室効果ガス大量排出企業が製品・サービスを輸出する場合，国境で温暖化対策税負担分を当該企業に還付するのです。日本でも2019年10月の消費税率10％への引き上げに伴って，インボイス制度の導入が予定されています。温暖化対策税にも，このインボイス制度を適用すれば，還付されるべき炭素税額の計算が容易になります。

　いずれの方法をとるにせよ，カーボンプライシングを産業の国際競争力を損なわずに導入できることは，すでに立証済みです。むしろ，カーボンプライシングを避け続けることで，我が国の産業を脱炭素型で，より付加価値の高い構造に切り替えるチャンスを失い，脱炭素経済をめぐってこれから激しくなる国際的な競争に，日本が敗れることこそ警戒しなければなりません。

参考文献

諸富徹（2000），『環境税の理論と実際』有斐閣.
諸富徹・浅岡美恵（2010），『低炭素経済への道』岩波新書.

学習課題

【問題1】

　環境税の実効性を高めるには，その税率を引き上げる必要がありますが，そうすると経済に負の影響を与える可能性があります。負の影響を抑えつつ税率引き上げを実行するには，どのような制度設計の可能性があり得るでしょうか，説明しなさい。

【問題2】

　カーボンプライシングの導入は，実際に経済に負の影響を与えたのでしょうか。これまでに導入されたカーボンプライシングの経験から何がいえるのか，説明しなさい。

9 | 再生可能エネルギー固定価格買取制度（FIT）

諸富 徹

《**この章のねらい**》 本章の目標は，再生可能エネルギー固定価格買取制度（FIT）とは何かを理解し，再エネ大量導入のためには FIT だけでなく，電力系統の利用ルールを改革し，場合によっては系統増強を行い，そして電力市場を機能させることが重要であることを理解することです。FIT は，再エネの発電コストが低下して他の既存電源の発電コストと等しくなった時点で，その必要性がなくなる移行期の政策手段であることを理解することがポイントです。

《**キーワード**》 再生可能エネルギー固定価格買取制度（FIT），再エネ賦課金，電力系統，出力抑制，系統容量，系統増強，電力市場，フィードイン・プレミアム制度

---

1. はじめに

本章では，エネルギー問題を取り扱います。特に再生可能エネルギー（以下，「再エネ」と略す）を取り上げるのは，それが発電過程で温室効果ガスを排出しないために，気候変動問題を解決する上での切り札となるからです。ところが，再エネはこれまで，その費用が高すぎること，そしてその発電量が天候に左右される「変動電源であること」がネックとなって，普及してきませんでした。そのため，これを克服するための政策手段として再生可能エネルギー固定価格買取制度（Feed-in-Tariff：FIT）が日本では，2012年に導入されました。

　FITは世界の多くの国々で導入され，再エネの急速な普及を後押しする強力な政策手段として大きな効果を発揮しています。日本でも状況は同様です。他方，再生可能エネルギーをさらに普及させていく上で，いくつかの課題も浮上しています。本章は，再エネとその支援策としてのFITの概略を説明し，その上で浮上してきた課題を克服するためには何が必要か，順を追って説明していくことにしましょう。

2.　FITの成果と課題

（1）制度概要と成果

　再エネ拡大を推進するための政策手段として導入されたFITは，再エネ発電事業者が発電する電気を，政府が定める固定価格で買い取ることを電力会社に義務づける制度です。表9-1に示されているのが，再エネ電源別の買取価格の推移です。太陽光，風力，水力，地熱，バイオマスといった電源種別だけでなく，各電源種において規模別に細かく買取価格が設定されていることがわかります。これは，規模が大きいほどスケールメリットが働いて発電コストが低下するためです。また，時間とともに技術進歩やさまざまな改善によって発電コストが下がっていくので，太陽光と風力については，徐々に買取価格が低下していきつつあることが示されています。その他の電源種については，それほどコスト低下が見られないので，買取価格は据え置かれています。

　さて，電力会社は買い取った電力を卸売電力市場で販売して収入を得ます。しかし，再エネの固定価格は卸売電力市場価格よりも高く設定されますので，電力会社にとっては「高く仕入れて安く売る」形となり，そのままでは損失が発生してしまいます。そこで，再エネ買取費用と再エネ電力販売収入の差額を「賦課金」として電力料金に上乗せし，電力消費者から徴収することで電力会社はその差額を回収できるのです。し

表9-1　2019年度以降の買取（調達）価格と買取（調達）期間

太陽光

調達区分		2018年度（参考）	2019年度	2020年度	2021年度	調達期間
500kW以上（入札制度適用区分）		2,000kW以上 入札制度により決定／500kW以上2,000kW未満 18円+税	入札制度により決定	–	–	20年間
10kW以上500kW未満		18円+税	14円+税	–	–	
10kW未満	出力制御対応機器設置義務なし	26円／25円（ダブル発電）	24円	–	–	10年間
10kW未満	出力制御対応機器設置義務あり※1	28円／27円（ダブル発電）	26円	–	–	

風力

調達区分	2018年度（参考）	2019年度	2020年度	2021年度	調達期間
陸上風力	20円+税	19円+税	18円+税		20年間
陸上風力（リプレース）	17円+税	16円+税			
洋上風力（着床式）※2	36円+税		–	–	
洋上風力（浮体式）	36円+税			–	

中小水力

調達区分	2018年度（参考）	2019年度	2020年度	2021年度	調達期間
5,000kW以上30,000kW未満	20円+税				20年間
1,000kW以上5,000kW未満	27円+税				
200kW以上1,000kW未満	29円+税				
200kW未満	34円+税				

中小水力（既設導水路活用型）※3

調達区分	2019年度	調達期間
5,000kW以上30,000kW未満	12円+税	20年間
1,000kW以上5,000kW未満	15円+税	
200kW以上1,000kW未満	21円+税	
200kW未満	25円+税	

地熱

調達区分		2018年度（参考）	2019年度	2020年度	2021年度	調達期間
15,000kW以上			26円+税			15年間
リプレース	15,000kW以上全設備更新型		20円+税			
	15,000kW以上地下設備流用型		12円+税			
15,000kW未満			40円+税			
リプレース	15,000kW未満全設備更新型		30円+税			
	15,000kW未満地下設備流用型		19円+税			

バイオマス※6

調達区分			2018年度（参考）	2019年度	2020年度	2021年度	調達期間
メタン発酵ガス（バイオマス由来）		下水汚泥・家畜糞尿・食品残さ由来のメタンガス		39円+税			20年間
間伐材等由来の木質バイオマス	2,000kW以上	間伐材、主伐材※4		32円+税			
	2,000kW未満			40円+税			
一般木質バイオマス・農作物の収穫に伴って生じるバイオマス固体燃料	10,000kW以上（入札制度適用区分）	製材端材、輸入材※4、剪定枝※5、パーム椰子殻、パームトランク		入札制度により決定	–	–	
	10,000kW未満			24円+税			
農産物の収穫に伴って生じるバイオマス液体燃料（入札制度適用区分）※6		パーム油		入札制度により決定	–	–	
建設資材廃棄物		建設資材廃棄物（リサイクル木材）、その他木材		13円+税			
一般廃棄物・その他バイオマス		剪定枝※5・木くず、紙、食品残さ、廃食用油、黒液		17円+税			

＜出所＞ 資源エネルギー庁（2019），『再生可能エネルギー固定価格買取制度ガイドブック2019年度版』，p. 6。

たがって買取制度は，電力消費者の負担で再エネ拡大を進める仕組みだといえます。

　この制度は，再エネ発電事業者の投資意欲を掻き立てる仕組みでもあります。それは第1に，事業者にとっては買取価格が固定されるため，収益の予見可能性が高まり，事業安定性が高まるからです。第2に，価格は再エネ発電の費用に加えて公正報酬率を上乗せした水準で決定されるため，再エネ発電事業者が費用を合理的な水準に抑制しさえすれば，確実に収益を上げることのできるビジネスになります。ここに，買取制度を導入した国はほぼどの国も，再エネ発電の拡大に成功した理由を見出すことができます。これは，他の再エネ政策手段には見られない買取制度の最大の特徴であり，かつ成功要因でもあります。

　福島第一原発事故を受けて2012年7月に導入された日本の買取制度は当初，買取価格が十分高く設定されたこともあって，初期の成功を収めました。制度導入の翌年2013年度には，再エネ設備容量が前年度比で一挙に32％も増加し，その後も再エネの伸長は続いています。図9−1は，日本の発電総量に占める再エネおよび原子力の発電比率の推移を示しています。

　この図から明らかなように，それまで停滞を続けていた再エネ導入量は，FITが導入された翌2013年から急速に伸び始めています。その比率は2012年に10.1％だったものが，2018年には17.5％まで上昇しました。図より，この伸びの大半は太陽光発電によって担われていることがわかります。他方，2010年時点で25％を占めていた原子力発電の比率は2011年の福島第1原発事故を契機として2014年にゼロまで急落した後，回復してきているものの2018年に6％と，かつての水準にはるかに及びません。

　この買取制度は，日本でもっとも成功した公共政策手段の1つとして

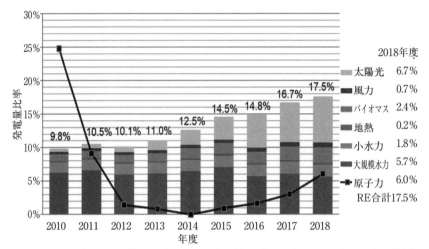

図9-1　日本の総発電量に占める再生可能エネルギーおよび原子力発電比率の推移

<出所> 資源エネルギー庁の電力調査統計より ISEP 作成。

評価できます。環境税や排出量取引制度など，気候変動政策上の政策手段はなかなか立法者の意図通りの効果を発揮できないことが多いのです。しかしこの買取制度は，予想を上回る再エネの急速な拡大をどの国でも実現し，その強力なインセンティブ効果を発揮してきました。その政策手段としての有効性は，もはや疑うべくもありません。ただし，この強力な政策手段にも問題点がないわけではありません。

（2）再エネの増加がもたらす費用膨張

　第1の問題は，再エネが増加することによって，最終的に国民が負わなければならない費用が膨張する点にあります。つまり，FIT を通じて再エネを既存電源よりも高い価格で買い取るために，電力消費者に対し，電力料金に賦課金を上乗せする形で追加負担を課すことになりま

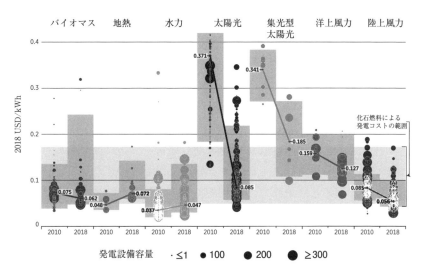

図9-2　世界の電源種別再エネ発電コストの推移（2010-2018年）
＜出所＞　IRENA（2019a），p. 9, Figure S.1.

す。この問題は，総電力消費に占める再エネ比率が2～3％の段階では
まだそれほど大きくありませんが，今後，ドイツのように30～40％の水
準に達するとさすがに顕在化してきます。そのために国民負担を最小化
する方策が必要となりますが，それは再エネの発電コストのさらなる低
減を促しながら，最終的には再エネの発電コストが既存電源の発電コス
トに等しくなる「グリッド・パリティ」の実現を目指すということに尽
きます。

　この点で，再エネ発電コストの過去の推移は，我々を勇気づけるもの
があります。図9-2は，国際再生可能エネルギー機関（IRENA）が発
表した，世界の電源種別再エネ発電コストの推移です。これは図の左か
らバイオマス，地熱，水力，太陽光，集光型太陽光，洋上風力，陸上風
力の発電コストについて，2010年から2018年にかけての推移が描かれて

います。もっとも劇的な変化は太陽光発電で，0.371米ドルから0.085米
ドルへと2010年の4分の1の水準へと急激に費用低下が進みました。他
の電源についても，十分下がっている地熱と水力を除いて減少傾向にあ
り，0.05-0.17米ドルの幅で薄く帯として着色されている化石燃料によ
る発電コストと比較して遜色がないか，それを下回り始めていることが
分かります。

　これはつまり，現在は既存電源よりも発電コストは高いものの，傾向
として再エネの発電コストは低下を続けており，いずれグリッド・パリ
ティに到達するだけでなく，むしろ再エネのほうが経済的に見て有利な
電源になることを意味しています。もしそういう状況になれば，もはや
FITで再エネを支援する必要はなくなり，それが経済的に有利だからと
いう理由で再エネ導入が推進される段階に移行します。FITは買取価格
を段階的に引き下げていき，この段階で廃止してよいでしょう。再エネ
賦課金による国民負担も，20年間の買取期間があるのでしばらくは負担
が続きますが，いずれはピークを打ち，ゼロへ向けて下がっていくこと
になります。

　もっとも，日本はこの発電コスト低下のスピードについて行けていな
いことも明らかになっています。図9-3は，主要国における太陽光発
電のシステム価格（太陽電池モジュール，架台，架台設置費用等の総
計）の推移（2010-2018年）を示しています。他の主要国と同様，日本
のシステム価格も急速な低下傾向にあるものの，これらの国々のコスト
水準と比べると相対的に高止まりしています。

　その理由は，太陽電池モジュールコストなどハードウェアが高いこと
に加え，「建設工事費その他」のコストが大幅に高い点にあることが明
らかになっています（木村&Zissler，2016）。また，国際再生可能エネ
ルギー機関の調査によれば，日本の太陽光発電の資本費のうち，建設工

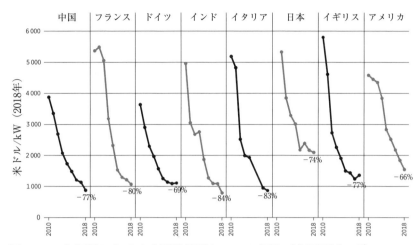

図9-3　主要国における太陽光発電システム価格（太陽電池モジュール，架台，架台設置費用等の総計）の推移（2010-2018年）
＜出所＞　IRENA（2019b），p 28, Figure 11.

事費に加えて，マージンも高いことが示されています（IRENA，2018，p. 67）。

　ですが，こうした事情も時間とともに改善が進みます。2030年の日本の太陽光発電コストを推計した研究によれば，25年運転で5.4〜5.7円／kWh，30年運転だと5.0〜5.2円／kWh にまで低下するといいます。これは，10円／kWh 前後という現時点の卸電力市場価格と比較しても，十分に競争力を発揮できる水準です。つまり，2030年までには，日本でもグリッド・パリティが実現するということです。

3. 再生可能エネルギーの大量導入と電力系統

（1）太陽光発電の「出力抑制」

　FITによる再エネが増えてくると起きてくる第2の問題は，再エネの電力系統への受け入れ容量（「空き容量」ともいう）の問題です。再エネ事業者は，送電網をもっていません。したがって，彼らが再エネで発電した電力を消費者に届けようとすれば，送電網を所有する電力会社に「接続申込」を行って，電力会社の承諾を得なければなりません。ところが今全国で起きているのは，すでに原発や火力発電など，既存の電源が電力を流す権利を押さえてしまっており，再エネ事業者が新たに電力を消費者に送り届けるための送電網の容量はもはや存在しない，という事態です。つまり，送電網の空き容量がゼロになっている状況が，今全国に広がっているのです。

　こういう状況では，再エネ発電事業者は電力会社から接続を「拒否」されてしまうので，再エネ電力を送ることができません。それでも送りたい場合は，規模にもよりますが，送電網の増強工事をするための投資費用として，数十億円単位の負担金を電力会社から請求されます。たいていの再エネ事業者は，このような負担金を負わされれば，事業の採算見込みが立たなくなるため，結局，事業を断念します。こうして，送電網に接続できないことがネックとなって今，日本の再エネ投資が停滞するようになってきているのです。

　新規の再エネ電源だけでなく，すでに系統接続を認められている既存電源についても，「出力抑制」が電力会社によって求められることがあります。実際，九州電力管内ではすでに再エネの「出力抑制」が行われているのです。これは，電力会社からの依頼／指令により，特に太陽光発電の稼働を止めたり，系統から切り離すなどの措置により，電力系統

に流れる太陽光発電の電力を抑制することを意味します。

　出力抑制が行われる理由は，再エネが発電しすぎると，電力の供給過剰が生じ，電力システムの安定性が失われるおそれがあるからです。特に春や秋などの季節は，天候が良くて太陽光発電は勢い良く伸びます。他方，季節が良いので電力需要は少なく，電力需要量をはるかに上回る電力供給が生じ，結果として需給バランスが崩れて電力系統の安定が保てなくなるおそれがあります。

　こうした場合の望ましい解決法は，再エネを抑制することではなく，再エネをいったん電力系統に受け入れた上で，自らの管轄エリアで消費しきれない余剰電力を，需要規模の大きい東京，中部，関西の各電力会社に送り，広域で電力需給をバランスさせることであります。そのためには送電網を，電力会社の管轄エリアを超えて広域的に運用する必要があります。これこそ，上述の「広域的運営推進機関」が担わなければならない重要な役割です。

（2）本当に「容量」に空きはないのか

　しかし，本当に送電網の空き容量は「ゼロ」なのでしょうか。筆者の1人である諸富が代表を務める京都大学再生可能エネルギー講座では，公開データから送電網の空き容量分析を行った結果，（東北電力エリアの場合）系統利用率は，平均で最高でも約18％，最低の場合，わずか2％であることを見出しました。空き容量はゼロどころか，むしろ「がら空き」であることがわかったのです。

　系統利用の実態が明らかになったことを受けて，経済産業省は，新しい送電網の運用手法として「日本版コネクト＆マネージ」の導入を打ち出しました。これはイギリスなどで用いられている手法で，電力の安定化を図りながら，空いている容量を活用して，できる限り再エネ電力を

送電網に受け入れるためのルールです。ところが新しいルールは，空き容量ゼロ問題を改善する効果をほとんどもたないことが明らかとなりつつあります。

　そもそも，系統の「容量」とは何でしょうか。特に，これ以上は「再エネを受け入れられない」と電力会社が宣言するとき，それを誰が，どのような情報に基づいて決定したのかが問題となります。実は電力系統に空き容量があるにもかかわらず，電力会社が再エネを受け入れたくないばかりに，受け入れを拒否することがあってはなりません。そのためには，電力会社が一方的に「空きがない」と宣言するのではなく，電力系統の利用状況に関するデータが公開され，空き容量がどれだけあるのかが客観的かつ透明な形で判断できる環境を整えた上で，公平中立な第三者機関が判定を下すべきでしょう。

　これは，ドイツではこの電力会社に対する監視・是正機能を，きわめて強力な権限を持つ「連邦ネットワーク規制庁：Bundesnetzagentur」が担っています。日本では，電力システム改革第3弾改正法で設立された「電力・ガス取引監視等委員会」が，同様の機能を担うべきです。空き容量の算定にあたっては，原発の再稼働を最大限見込んでその容量が取り置かれています。さらに他の電源についても最大出力で発電・送電するための容量が取り置かれています。すべての電源が同時に最大出力で発電することは，ほぼないにもかかわらず，こうした極めて保守的なルールが適用されているのです。こうして既存電源のための容量がとり置かれるため，新規参入者である再エネは，残る容量をめぐって競合せざるを得ない状況に置かれています。

　このような空き容量算定が認められるのであれば，系統に空きがあるにもかかわらず，再エネの受け入れが一方的に拒否されかねません。その妥当性を含め，公開の議論が必要です。電力系統はもはや，電力会社

の私的所有物ではありません。電力システム改革以降，電力系統は限りなく公共財としての性質を付与されたのであり，それゆえ独占が認められると同時に強い公的規制下に入ることになったのです。再エネを拡大する上で，送配電網をどのように活用できるかは死活的に重要な論点であり，その公共性・中立性・透明性の担保は，きわめて優先順位の高い政策課題です。

（3）系統増強の必要性

　以上の検討を経た上でどうしても，「これ以上，既存の電力系統に再エネを受け入れるのは難しい」となった場合は，系統増強に取り組む必要が生まれます。ドイツの再エネ法はこの点，第9条で送配電網の増強義務を電力系統管理者（つまり送配電会社）に課しています。その増強費用は，電力料金で回収することになります。この法律条文により，ドイツの送配電会社は，日本の電力会社のように系統の空き容量がないことを理由に，再エネの受け入れを拒否することを禁じられています。再エネを拒否する代わりに，彼らは再エネ受け入れのための系統増強に取り組まねばなりません。

　日本ではこの点が法律条文にはっきり明記されていない点に問題があり，このままでは，いくら固定価格買取制度があっても系統容量の限界に突き当たり，再エネはそれ以上伸びることができない状態に到達するでしょう。現在のところ，状況を改善する義務も，改善に向けて経済的インセンティブも，送配電会社には与えられていません。したがって，根拠法である「再エネ特措法」改正を行い，系統増強の義務づけを明記することが，今後の再エネの本格的な伸長のためには，不可欠な要素となります。

4. 再エネ大量導入と日本の電力市場設計

(1)「電力システム改革」とは何か

　FITによる再エネ大量導入が成功するためには，①円滑に機能する電力市場の存在，②電力事業の「発送電分離」によって，送電部門の中立性を確保すること，この2点が死活的に重要です。日本では東日本大震災後，これらを実現するために「電力システム改革」と名づけられた改革が行われてきました。

　日本の電力システム改革は，東日本大震災の苦い教訓をもとに，2013年4月に「電力システムに関する改革方針」として閣議決定されたことに始まります。同年には電力系統を広域的観点から運用する「電力広域的運営推進機関」（OCCTO）創設（2015年4月）を含む，電気事業法の第1弾改正が行われました。これに続いて翌2014年には，小売全面自由化を定めた，同法の第2弾改正が行われました。これにより2016年4月から，一般家庭も電力会社や電力メニューを自由に選べるようになりました。そして2015年6月には，発送電分離を実行に移す第3弾改正法が成立しました。これを受けて，2020年には「発電」，「送配電」，「小売」の3部門を分社化する「法的分離」が実行に移されます。これにより電力事業のうち発電部門と小売部門は完全な自由化部門となり，競争を経て市場で資源配分が決定されるべき分野となります。これに対して送配電部門は依然として独占部門であり続ける代わりに，発電・小売部門からは切り離されて中立化されます。

　こうした改革により戦後，10電力会社による地域独占で特徴づけられてきた日本の電力システムは，大きな転機を迎えます。しかし，これらの改革で電力システム改革は完成とはなりません。九電による太陽光発電出力抑制の事例で見たように，電力市場の整備・育成，電力系統の増

強，その利用ルール，費用負担ルールの整備など，解決されるべき課題が山積しているからです。電力システム改革第1弾～第3弾の立法措置は，あくまでも新しい電力システムの土台を据え付けるものであって，その上でシステムが円滑に機能するか否かは，これからの「仕組みづくり」にかかっています。

（2）機能する電力市場整備の重要性

　この課題を引き受けた経済産業省の「電力システム改革貫徹のための政策小委員会」は，2017年に中間とりまとめを公表し，「仕組みづくり」の一環としてさまざまな機能を果たす電力市場の創設・整備や系統（連系線）利用ルールの改革（「日本版コネクト&マネージの導入」）などを掲げました。これらはまさに電力システムを「貫徹」させるために不可欠な要素であり，課題は正しくとらえられているといえるでしょう。ここであげられた政策アジェンダは，基本的に現在の政策論議の起点となっており，その意味で中間とりまとめは政策文書として重要な位置を占めています。以下，その要点を確認しておきたいと思います。

　図9-4は，中間とりまとめに示された政策アジェンダを電力実需給までの時間軸に沿って整理しています。ここから，さまざまな電力市場の整備が最大の課題となっていることがわかります。まず，白抜きとなっている「スポット市場（前日市場）」と「1時間前市場（当日市場）」は整備済みで，日本卸電力取引所（JEPX）によって運営されています。2017年4月のFIT送配電買取制度およびグロス・ビディングの導入，2018年10月の間接オークション導入が奏功して，電力総需要のうちJEPXで取引される電力比率は，2016年4月の2.2%から2018年12月の29.5%へとわずか3年足らずで一挙に約3割まで上昇してきました。

　上記「中間とりまとめ」において今後，日本で創設が必要だとされて

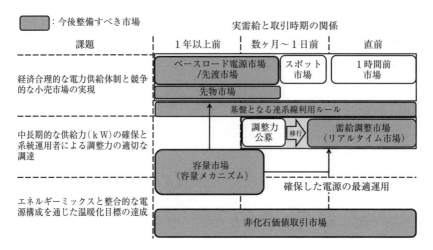

図9-4　現在創設・整備が検討されている電力市場

<出所> 経済産業省（2017），p. 3，参考図1「課題解決に向けて今後整備すべき市場」。

いるのが，図9-4に示されている ①ベースロード電源市場，②先物市場，③需給調整市場，④容量市場，そして⑤非化石価値取引市場（2018年5月創設済み）です。ここでは，再エネの大量導入にとって関係の深い①，②，そして，③について見ていくことにしましょう。

　①のベースロード電源市場と，②の先物市場は長期取引市場です。まず①は，石炭や大型水力，原子力等の安価なベースロード電源を現物取引する市場です。これらの電源は歴史的経緯からもっぱら電力会社が保有し，長期契約で調達しているため，電力システム改革以降に新規参入し，小売事業を営む新電力にとっては，調達が困難な電源となっています。

　しかし，この状態をそのまま放置しておくと，ベースロード電源を保有する電力会社の小売部門が消費者に対して安価に電力を供給できるのに対し，新電力はそれができず，競争条件で圧倒的に不利な立場に立た

されます。少なくとも，2020年の発送電分離以降は，電力会社の発電部門と小売部門が法的に分離されるため，電力会社の小売部門と新電力の間で，競争条件の公平性が担保されねばなりません。そのための方策が，ベースロード電源市場の創設です。電力会社の発電部門はいったんベースロード電源による発電をこの市場で入札にかけ，電力会社小売部門も新電力も，対等な立場で応札できるようにすることで，競争条件の均等化を図ります。

　現物を取り扱う①に対して，同じ長期取引市場でも②は，リスクヘッジのための金融市場です。日本では，依然として再エネの占める比率が低く，金融市場のニーズは顕在化していませんが，将来は，再エネの大量導入が現実のものとなるにつれて，現物市場（「長期ベースロード電源市場」）だけでなく，価格変動リスクをヘッジするための先物市場の重要性が高まっていくものと考えられます。

　③の需給調整市場とは，1時間前市場（当日市場）の取引が終了した後から，電力の実供給までの間に，最終的な需給調整を行うために開設される市場のことをいいます。再エネの大量導入に伴って電力供給の変動性が高まる結果，実供給の直前に天候の急変などの事情により，想定通りの電力供給が困難になるおそれがあります。こうした場合に備えて，送配電事業者（TSO）は，電力の需給調整に最終的な責任をもっています。TSO は調整市場を通じてあらかじめ調整力を購入しておきます。需給計画に狂いが生じたときに，みずからが需給一致に向けて調整力を行使します。それに加えて TSO は，市場参加者に対して自発的に電力需給の調整を行うよう促します。そのための価格インセンティブを与えるのも，需給調整市場の役割です。日本では，2021年4月から需給調整市場が開設される予定です。

5. FITの改正：「フィードイン・プレミアム制度」へ

（1）見直しの背景

上述のように，FIT導入当初は，大規模水力を含めても再エネ発電の総発電量に占める比率はわずか10％程度でしたが，2018年時点で17.5％まで増えました。国のエネルギー基本計画上の2030年目標（再エネ比率は22〜24％）は，前倒しでの達成も可能でしょう。

他方，再エネの普及に伴ってコストも低下，それに応じて再エネの買取価格も引き下げられてきました。例えば，事業用太陽光発電の買取価格は，制度導入当初の2012年こそ40円／kWhでしたが，2018年には18円／kWhと，わずか6年で半減以上に低下しました。とはいえ，「FIT賦課金」という形でそのコストが電力消費者に転嫁されていることも事実であり，その負担抑制が課題になっています。

これまでは高コストであっても，再エネの普及が最優先でした。しかし，普及に弾みがつき，コストも徐々に下がりつつあることから，コスト低減を図りつつ再エネを普及させる次の段階へと進化させる必要が生じました。将来的にはいずれ，買取制度を完全に外して，再エネを「普通の電源」として市場で売買することが究極の目標となります（「再エネの市場統合」）。そこで経済産業省が，FIT改革に着手しました。その内容は，「再エネの市場統合」へいたる過程の中間段階と位置づけられるもので，本書執筆段階で明らかになっている主要骨子は，次のようなものであります。

（2）改革案の内容

経産省の改革案の大きな特徴は，再エネ電源を大きく2つのカテゴリーに分けた点にあります。第1のカテゴリーは「競争電源」で，これは

大規模事業用太陽光発電や風力発電が含まれます。すでにコストが下がっているほか，今後更なるコスト削減によって，買取制度に頼らず既存電源と競えるようになると見込まれる電源です。

　これに対して第2のカテゴリーは「地域電源」とよばれています。これには，バイオマス，小水力，小規模地熱，住宅用太陽光などが含まれます。地域電源もまだまだコスト削減の余地はあるものの，その性質からいって競争電源ほど大規模化・大量生産で急速にコストダウンを行うわけにはいかず，当面は買取制度によって支えることが想定されています。

　これらの電源は，単にコスト高だというだけでなく，他の電源にはないメリットがあることも，支援を継続する理由となります。つまり，これらは森林などの地域資源，あるいは地元産業などを巻き込んで，地域経済循環を促し，地域を豊かにしていく拠点に育つ可能性があるのです。また蓄電池，コジェネ（熱電併給），電気自動車，地域電力需給管理システムを組み合わせることで，マイクログリッド／スマートグリッドを構築し，新しい地域ビジネスを生み出すことも視野に入ります。こうしたインフラが整えば，災害時に地域の強靭性を高めることも可能になります。

（3）「市場プレミアム制度」とは何か

　経産省の改革案の目玉が，市場プレミアム制度の導入にあることは間違いありません。これは名前が表しているように，再エネ電力の売買を市場に委ねますが，しかし市場価格ではなく，「市場価格＋プレミアム」で売買するというアイディアです。プレミアムを付けるのは，まだまだ市場価格だけで売電できるほどには再エネコストが下がっていないからです。ドイツは2012年にこの制度を導入しています。

　また再エネ事業者にも，固定価格で電力会社に売ったら終わり，というビジネスモデルから，通常のビジネスモデルへの転換が求められます。つまり，今は顧客への電力販売を電力会社に任せることができますが，いずれ，顧客を市場か相対で，自分で見つけてくるようにならなければなりません。これを，「直接販売」制度といいます。

　こうして改革案の肝は，「市場プレミアム制度」＋「直接販売」の導入，ということになります。市場プレミアム制度の下では，再エネ発電事業者は，これまでの固定価格と異なって，変動する市場価格に一定のプレミアムを乗せた価格で販売できます。つまり，引き続き支援は受けられますが，市場価格の動向を見極めていつ電気を発電し，売れば利潤が最大化されるかを考えねばならなくなります。経営力が問われるのです。

　以上の改革案は，基本的には望ましい改革案です。ただ，以上の変化に対して，再エネ事業者の側はまだ準備体制が整っていない可能性もあります。買取制度の固定制から変動性への移行といっていい大きな変化なので，移行への準備期間が必要になるでしょう。また，大手再エネ事業者は電力の市場での売買や，顧客獲得に向けた営業のための社内体制を組めるでしょうが，地域企業や中小企業はなかなか難しいかもしれません。その意味で，「地域電源」のカテゴリーは重要な意味をもちます。

　最後に，市場プレミアム制度への移行が成功するためには，卸電力市場における電力取引の厚みを増す努力を行い，そこで公正な競争が行われ，公正な競争価格が成立する条件が成立している必要があります。現在の卸電力市場の状況は，新電力関係者にとって価格高騰が頻繁に起きるなど不安の多い状況です。市場環境の整備を進めることも，国の責任でしょう。

参考文献

木村啓二・R. Zissler（2016），『日本とドイツにおける太陽光発電のコスト比較～日本の太陽光発電はなぜ高いか～』自然エネルギー財団.

木村啓二（2019），『日本の太陽光発電の発電コスト―現状と将来推計』自然エネルギー財団.

諸富徹編（2015），『電力システム改革と再生可能エネルギー』日本評論社.

諸富徹編（2019），『入門　再生可能エネルギーと電力システム』日本評論社.

Federal Ministry for Economic Affairs and Energy（2014），*An Electricity Market for Germany's Energy Transition : Discussion Paper of the Federal Ministry for Economic Affairs and Energy*（*Green Paper*）.

International Renewable Energy Agency［IRENA］（2018），*Renewable Power Generation Costs in 2017*.

International Renewable Energy Agency［IRENA］（2019a），*Renewable Power Generation Costs in 2018*.

International Renewable Energy Agency［IRENA］（2019b），*Future of Solar Photovoltaic : Development, Investment, Technology, Grid Integration and Socio-Economic Aspects*.

学習課題

【問題1】

　割高な再生可能エネルギーをわざわざFITで買い取って支援することは，エネルギーコストを増加させ，国民経済に打撃を与えるとの批判があります。あなたなら，この批判にどう反論しますか，本章の内容を素材に反論を試みてみなさい。

【問題２】

　電力系統が，再生可能エネルギーを大量導入する上でのネックとなっているのはなぜでしょうか，どこに問題の所在があるのかを説明し，その解決法を本章の内容を素材に提示しなさい。

10 │ 環境問題と経済成長

│ 諸富　徹

《**この章のねらい**》　本章では，環境と経済は対立するという一般的な常識を疑い，実は，環境問題に熱心に取り組むことは，往々にして産業の競争力をむしろ強化し，雇用を増加させ，やがて経済成長につながり得ることを理解する点に目標を置きます。特に気候変動政策において，環境問題と経済成長の関係を問い直すことは重要で，「炭素生産性」や「デカップリング」といった概念を理解しておくことがポイントとなります。
《**キーワード**》　日本版マスキー法，環境政策と雇用増加，ポーター仮説，イノベーション，脱炭素化，産業構造転換，炭素生産性，カーボンプライシング

1．環境と経済は対立するのか？

（1）自動車の排ガス規制〜「日本版マスキー法」のケース

　環境と経済は，産業革命以来ずっと，お互い相容れない対立関係としてとらえられてきました。1960〜70年代の高度経済期には，経済成長のためにはある程度の環境破壊はやむを得ないとさえ考えられていました。環境を保全する場合でも，産業に打撃を与えないよう，穏当な範囲で行うべきものとされてきました。そこでは，環境保全はつねに経済にとって「費用増加要因」，つまり産業の阻害要因と見られてきたのです。

　現代ではさすがに，環境保全の重要性が認識されるようになってきていますが，それでもこうした環境と経済の対立構図は，高度成長期の公

害問題以来，現在にいたるまで驚くほど不変です。しかし，本当に環境と経済は，対立的な関係にあるのでしょうか。これまで，両者の関係が対立すると考えられてきたのは，環境規制が以下のような形で経済に悪影響を与えるとされてきたからです。

① 産業国際競争力の低下

② 失業の増加

③ 技術革新への悪影響

　環境規制の強化は，本当にこれらの問題を引き起こすのでしょうか。その重要な反例を，自動車の排ガス規制としての「日本版マスキー法」に見出すことができます。「マスキー法」の名は，1970年にアメリカでマスキー上院議員が自動車の排ガス排出を10分の1にまで削減することを目指した，野心的な規制法案に由来します。この法案は，日本の自動車産業にとっても衝撃的でした。というのは，世界最大の自動車市場であるアメリカに自動車を輸出しようとすれば，日本の自動車産業もまた，マスキー法の求める規制水準をクリアしなければならないからです。

　他方，日本国内からもマスキー法並みに自動車排ガス規制を強化することを求める声も強くなっていました。というのは，1960年代に大問題となった工場等の固定排出源を原因とする汚染問題が，厳しい規制によって収束していく中で，自動車排ガスによる汚染問題がクローズアップされるようになっていたからです。

　ところが当時の日本興業銀行（現みずほ銀行）調査部は，日本で同等の法案が導入されれば，日本の自動車メーカーは大打撃を受け，大幅な雇用減少（9万4千人）となって日本経済に重大な悪影響を与えると警告しました。肝心のアメリカでも，経済への悪影響を理由としてマスキー法実施が見送られました。こうした中で，日本は世論の後押しを受け

て「日本版マスキー法」を1978年に断行します。規制強化に大反対して
いた日本の自動車メーカーはやむなくこれを受け入れざるを得なかった
ものの，触媒装置の開発によってこの規制を見事に乗り越えていきまし
た。さらにその後，燃費を向上させることで，排ガスそのものの低減に
成功しました。日本車の燃費の良さは，1970年代の２度の石油ショック
を経てガソリン価格が大きく上昇したタイミングで，競争優位の大きな
源泉となりました。これが，日本が北米市場で成功を収める重要な一要
因となったのです。

　この経験から，私たちは環境政策にとって，次の２つの教訓を引き出
すことができます。第１は，規制の強化こそが，日本の自動車メーカー
の競争力を高めたという点です。低燃費車開発に関する技術力を鍛え，
彼らがその後，世界市場で成功を収める契機になったことは否めませ
ん。

　第２の教訓は，他国よりも厳しい規制の導入が，逆説的ですが，日本
メーカーの国際競争力の強化にもつながったという点です。日本版マス
キー法は，アメリカが規制導入をあきらめる中で導入されました。「常
識」に従えば，規制遵守コストを一方的に負わされた日本の自動車メー
カーの国際競争力は低下し，他国の自動車メーカーとの競争に敗れてい
たはずです。しかし，事実は逆でした。つまりそれは，触媒装置や低燃
費車に関して，技術進歩と量産効果による生産費低下を生み出す効果を
もたらしました。こうして日本市場で鍛えられ，育てられた日本メーカ
ーは，それらを武器に国際市場で成功を収めることになります。

　この点については，自動車産業の当事者からの証言もあります（笹之
内，2000）。当時，日本版マスキー法の実施に向けて次々と国内で規制
強化される中で，自動車業界としても早急に規制をクリアできる技術の
開発を始めねばならない状況になり，各社とも経営資源を大幅に投入し

ました。1969年に開発要員は業界全体で1,000人程度，研究開発費は約50億円だったものが，1975年には要員が約7,000人，開発費は約700億円へと一挙に規模が拡大されました。さまざまな技術が探索され，試験が繰り返された結果，触媒方式が一番良いとの結論が得られました。この結果，日本の自動車メーカーは1976年には世界に先駆けて触媒技術を確立，規制値をクリアしました。これは，今でも将来の次世代低公害車のベースとなる基本技術になっているといいます。

興味深いのは，トヨタの幹部であった笹之内が，日本版マスキー法が日本の自動車産業の発展にとって肯定的な評価をもたらしたと高く評価している点です。それによれば，日本の自動車産業は，単に日本版マスキー法の規制水準をクリアするだけでなく，それを契機にエンジン周辺の総合技術力を向上させ，以下の点で世界をリードできるようになったといいます。

① 高性能化（燃焼制御，他バルブ化）

② 低燃費技術（リーンバーン，直噴ガソリン）

③ 高度な触媒およびその関連技術のノウハウ蓄積（NO_2吸蔵触媒，燃料電池，セラミック技術）

④ 高度な電子制御技術（ハイブリッド，ITS）

ソフト面でも，短期間に技術的課題を克服する研究・開発体制の整備強化ができたといいます。これにより，「商品の企画・開発と要素技術の研究・開発を有機的に進捗管理できる組織へ変貌したことは特筆すべきこと」であり，「広範な部品メーカーとの緊密な協力関係やグローバルな協力体制の構築の経験は大きな収穫であった」とまで述べて，その意義を高く評価しています。まさに「災い転じて福となす」の好例であり，規制強化を正面から受け止め，それを克服しようとする中から自動車産業は見事に進化を遂げ，競争力をむしろ強化できたのです。

（２）環境政策は雇用に打撃を与えるか〜ドイツ環境政策をめぐる論争

　日本と同様にドイツでも，1970年代は環境規制が強化され，その産業
への影響が大いに論争の的となりました。最大の論点は，環境規制の強
化が雇用を減らすかどうかでした。興味深いのは，ドイツではこの論争
が不毛なイデオロギー論争に終始するのではなく，産業連関分析を用い
て，環境政策が雇用に与えるインパクトを数量的に示して議論を展開す
る姿勢が貫かれた点であります。

　表10-1は，1970年代を対象として行われた環境政策の雇用効果に関
する3つの異なる研究結果を示しています。これらの研究結果はいずれ
も環境政策は雇用を増大させる効果（年間約15万〜36万人）を生み出す
と結論づけています。

　表10-2は，1975年にドイツで環境保全によって直接的・間接的に生
み出された雇用者数の内訳を示しています。環境保全投資とは，民間産
業の場合でいえば，脱硫装置などの汚染除去設備への投資や，環境負荷
の少ない生産工程導入のための投資などが含まれます。公共部門の場合
であれば，排水処理施設や廃棄物焼却施設への投資が含まれます。

　以上の結果が示しているのは，環境と雇用は対立的な関係ではなく，
むしろ補完的な関係（環境保全を進めれば，雇用もまた増大する関係）
だということです。環境保全のための財・サービス需要が顕著に増大し

表10-1　環境政策の雇用効果［人／年］

研究者名	ヘートル／マイスナー		ヘアヴィッヒ	シュプレンガー／リッチュカート	
研究対象期間	1970-74	1975-79	1975	1971-77	1978-80
雇用効果総計	218,270	366,280	152,300	215,000	250,000

＜出所＞ Wicke（1993），S.477, Abb. 69.

172

表10-2　1975年のドイツにおける環境政策の雇用効果
[人／年]

項目	人／年
直接的・間接的雇用効果	127,200
民間産業による環境保全投資	42,000
公共部門による環境保全投資	64,200
民間産業による環境保全関連支出	17,000
公共部門による環境保全関連支出	4,000
環境保全の仕事に直接携わる雇用者数	75,100
民間産業	17,800
公共部門	37,300
計画，行政，執行部門	20,000
総計	202,300

<出所> Wicke (1993), S.440, Abb. 64.

　た結果，環境関連産業や市場が大きく成長し，それが新しいビジネス・チャンスと雇用を創出したのです。

　他方で，環境規制の強化はプラス面ばかりでなく，汚染集約産業では少なくとも短期的には，競争力を低下させたり生産コストを上昇させたりという負の効果があり，それらによる雇用減少効果も考慮されなければならないという正当な批判も行われています。この批判を受けて，環境政策による雇用創出効果から雇用阻害効果を差し引いた「純効果」を推計しようという試みも行われました。その結果を示した表10-3によれば，環境政策の雇用阻害効果を考慮に入れたとしても，なおその雇用創出効果が阻害効果を大きく上回るという結果でした。

　以上，一連の定量分析に基づいた環境政策の雇用効果をめぐる論争によって，環境政策の強化が雇用を削減するどころか，むしろ増加させることが明確にされていきました。これは，環境と経済が対立的な関係で

表10-3　環境政策がもたらす雇用創出の「純効果」

環境政策の雇用創出効果	環境政策の雇用阻害効果
150,000-400,000人 　＊環境保全投資 　＊環境保全施設の運営 　　費支出 　＊環境行政支出	50,000-70,000人 　＊環境規制の強化による投資阻害効果 ⋯⋯⋯⋯⋯⋯⋯⋯⋯⋯⋯⋯⋯⋯⋯⋯ 5,000人 　＊生産拠点の海外移転による雇用喪失 ⋯⋯⋯⋯⋯⋯⋯⋯⋯⋯⋯⋯⋯⋯⋯⋯ 2,000人 　＊環境規制の強化による生産費上昇による 　　企業倒産の影響

＜出所＞ Wicke (1993), S.458, Abb. 70.

はなく，むしろ「好循環」ともいえる関係にあることを示しました。つまり，環境規制を強化すれば，確かに汚染集約産業では雇用は減少するかもしれませんが，それ以外の産業で雇用減少を上回る雇用創出が行われる結果，経済全体としては雇用が増加する可能性が高いことが明らかとなりました。この知見は，環境政策の前進にとって大いなる援軍となりました。

2. 環境政策とイノベーション

(1) シュンペーターのイノベーション論

　環境政策と経済の関係を論じる上で，非常に重要な論点となるのが，規制の強化はイノベーションを引き起こすのか否か，という点です。産業界は，往々にして規制強化は，本来は本業の技術開発に充てるべき資金を環境保全のために使わざるを得なくなり，イノベーションの足を引っ張ると主張します。この主張は，直感的に理解しやすいです。しかし，イノベーションは逆説的に，環境規制の強化によって引き起こされ

る，という考え方もあり得ます。以下では，この点に関する主要な論拠を見ていきましょう。

　まずイノベーションに関する古典であり，いまなおその魅力を放っているのが，20世紀の偉大な経済学者の1人であるシュンペーター（Joseph A. Schumpeter）の名著『経済発展の理論』（1912年）です。彼は，この著作で経済発展がなぜ，どのようにして起きるのかを解明しようとしました。そしてそれを誰が担い，その結果，どのような変化が起きるのかを，きわめて示唆に富む形で描きました。これは，現代の経済発展を考える上でも参考になるヒントが多数含まれるため，多くの人々によって何度も読み返され，引用されています。

　彼は，経済発展をどのようにとらえていたのでしょうか。シュンペーターによれば，それは通常の循環運動とは異なって，「循環を実現する軌道の変更」であり，また「非連続的な変化を指す」といいます。この「非連続的」という点が重要です。つまり，従来通りの方法の延長線上で生産をしていても，経済発展は生じません。生産を行うには資本や労働，天然資源など，さまざまな生産要素を結合しなければなりません。シュンペーターは，旧い結合から小さな変化を加えていって連続的に新しい結合に到達しても，それは発展とはよばないというのです。発展とはあくまでも非連続的なものであり，新結合は旧結合との断絶の上に現れなければならない，というのが彼の主張です。

　そして，彼によれば，新結合は次の5つの場合を含んでいます。第1は新しい財貨の生産，第2は新しい生産方法の導入，第3は新しい販路の開拓，第4は原料あるいは半製品の新しい供給源の獲得，そして最後に第5は新しい組織（独占的地位の形成あるいは独占の打破）の実現です。これらの諸点で「非連続的な軌道の変更」が起きてこそ，経済発展は実現するのです。

（2）M・ポーターのイノベーション論

　しかし，イノベーションが重要だとしても，それはいったい，どのようにして引き起こされるのでしょうか。また，個々の企業にとって，イノベーションに取り組む動機づけは，いったい何なのでしょうか。この点に関するシュンペーターの回答は明快です。つまりイノベーションが引き起こされる場合には，その報酬として「企業者利潤」が生み出されるので，企業はこの「企業者利潤」の獲得を目指してイノベーションに取り組むのです。

　「企業者利潤」は，通常の利潤とは異なって，技術革新によって生産費を引き下げ，他企業よりも製品を安価に生産するシステムを構築することに成功した場合や，新市場の開拓に成功した場合に，売り上げと費用の差額として生じるとシュンペーターは説明しています。ただし，このような変化にはいずれ他企業も追随するため，「企業者利潤」は他企業が追いついてくればやがて消滅する運命にあります。したがって，企業がこの「企業者利潤」を獲得し続けようとすれば，つねに技術革新や新市場の開拓に取り組まなければならないことになります。

　ところで，環境問題の領域では，シュンペーターの回答をそのまま適用できないという難しさがあります。人々が豊かになりたい，あるいは，より快適な暮らしを送りたいと願う人々の自然な欲求に応える製品やサービスの場合，それらに対する潜在的な需要はすでに存在しているといえるでしょう。その存在に気がついてビジネスとして活かせるかどうかはともかく，人々の欲求に応える製品やサービスに対する需要は，ある意味で底堅いのです。

　しかし，人々が自然な欲求の発露として，その製造過程で再生可能エネルギーを用いたり，温室効果ガス排出を劇的に減らしてつくられた製品を購入したいと考えているとは，なかなか想定できません。まして

や，同じ機能をもつ通常の製品に比べてそれが高価であればなおさらです。企業にとっても同様です。環境に配慮しても，製品が高価になるだけで競争力を失うのであれば，積極的にイノベーションに取り組もうという動機づけは奪われてしまいます。つまり，シュンペーターのいうように，「企業者利潤」の獲得を求めて企業が自発的にイノベーションを引き起こすというシナリオが，環境問題の領域では描きにくいのです。

　ここに，「環境規制」が果たすべき役割が登場します。以下では，「環境規制」を伝統的な直接規制だけでなく，環境税や排出量取引制度などの「経済的手段」をも含める概念としておきたいと思います。環境規制の典型としての直接規制は，汚染物質の排出に上限を課し，企業に遵守を求める行政手法です。遵守できない企業に対しては改善命令が出され，それでも改善されなければ，操業停止もあり得ます。このような環境規制に対応するためには，汚染物質除去装置の装着，燃料転換，原材料の変更，省エネ，あるいは生産工程の変更など，さまざまな努力が必要になります。しかし，これらは製品の魅力向上とは必ずしも直接関係しないため，企業にとっては費用上昇をもたらすだけで，収益を圧迫する要因だととらえられがちです。

　ところが，この環境規制をイノベーションの促進要因として正面からとらえなおしたのが，著名なハーバード大学の経営学者マイケル・ポーター（Michael E. Porter）です。彼は環境規制に，企業に費用上昇をもたらすが環境を守るためにはやむを得ない政策手段としてではなく，むしろイノベーションを促し，当該国産業の競争優位を高めるための政策手段として，積極的な意味づけを与えようとした点で大きな功績がありました（「ポーター仮説」）。

（3）イノベーション促進手段としての環境規制

　彼の仮説は，適切に設計された環境規制は，イノベーションを引き起こし得る，というものです。そして，確かに規制は遵守費用を企業にもたらすが，規制によって引き起こされるイノベーションがもたらす利益は，規制遵守費用を相殺して余りあるというのです（「イノベーション・オフセット」）。さらに彼は常識と異なって，規制導入はイノベーションを引き起こすことで，その国の企業の競争優位を他国よりも高める可能性が高いといいます。

　とりわけ彼は，環境規制を他国に先駆けて強化し，イノベーションを引き起こすことの利点として，「先行者利得（early-mover advantage）」をあげています。ドイツが他国に先駆けて厳格な生産者責任に伴うリサイクル制度を確立し，その影響が他国に波及したことで，規制に早く対応したドイツ企業がリサイクル技術やリサイクル可能な包装容器の開発で他国企業に先んじることができたと指摘しています。

　つまり，規制が企業に早期の対応を促し，それがきっかけとなって企業の側ではそれに対応できる技術の開発，社内体制の構築，製品の開発と販路の拡大へ向けた努力が進むことになります。結果として，それは技術革新と新しい製品開発につながり，ドイツだけでなく，規制が他国に広がっていくにつれてそのような製品に対する需要が拡大し，すでに技術と対応製品を用意していたドイツ企業が「先行者利得」の獲得に成功する，というわけであります。

　以上のことから，環境の領域では，市場メカニズムを通じて自然発生的にイノベーションが起きにくいため，ポーターの主張するように，環境規制を市場における公正競争のルールとして組み込むことで，積極的にイノベーションを促していくことが望ましいのです。そうすれば，イノベーションに取り組んでエネルギー生産性を引き上げたり，環境負荷

を低減する製品を開発した企業は利益を上げ，そうでない企業の収益性は下がるというメカニズムが働き出します。つまり，環境への取組みが，シュンペーターのいう「企業者利潤」を生み出す仕組みが，ある意味で人為的に構築されるのです。こうして，環境規制を用いて「市場のグリーン化」を図っていくという視点が重要です。

　もちろん，そのためにも環境規制は競争に対して中立的でなければなりませんし，その内容は，ポーターの意味で「スマート」でなければなりません。そして，環境規制は環境負荷の削減に寄与するだけでなく，生産性の向上を通じて企業の収益を押し上げる可能性すらもっていることを認識し，そのように設計されるべきでしょう。

3. 「脱炭素化」と経済成長

（1）「脱炭素化」と経済成長は両立する

　では現代，気候変動問題と「脱炭素化」の問題についても，ポーターの主張は妥当するのでしょうか。例えば温暖化対策はこれまで，経済成長を阻害すると主張されてきました。しかし，各国のこれまでの経験から得られたデータから明らかなように，こうした主張に根拠はありません。たしかに高度成長期はいずれの国でも，GDPの成長に伴って比例的に，あるいは，それ以上の比率でエネルギー消費量やCO_2排出量が伸びていました。しかし1990年代初頭に始まった温暖化対策の結果，2000年代以降に「デカップリング」（経済成長とCO_2排出量の伸びの分離）とよばれる現象が観察されるようになってきました。つまり経済が成長しても，CO_2排出量は逆に減少するようになってきたのです。

　図10-1は，日本，スウェーデン，フランス，カナダの4カ国について，1990年を100とした場合のGDPとCO_2排出量の伸び，そして炭素税率の推移を示したものです。この中で，スウェーデンとフランスは明

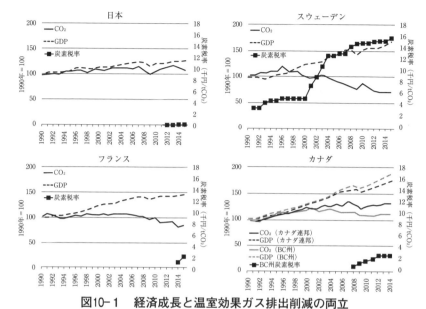

図10-1 経済成長と温室効果ガス排出削減の両立

<出所> 東京都税制調査会平成30年度第1回小委員会資料5「環境関連税制に関する分科会報告（概要版）」, 16頁, みずほ情報総研作成。

確にデカップリングの傾向を示しています。これに対して日本は, 依然としてGDPとCO₂排出量がほぼ比例的に伸びており, デカップリングしきれずにいます。カナダは, 2000年ころまでは日本と同様に, 成長率とCO₂排出量の伸びが比例的に推移していましたが, それ以降, デカップリング傾向を示すようになりました。同様の傾向はイギリス, ドイツでも観察されています。

しかも, 日本よりデカップリング傾向が明確なこれらの国々はいずれも, 日本より明らかに成長率が高いのです。つまり,「温暖化対策は経済成長を妨げる」との言説は, 現実のデータによって反証されているのです。日本は逆に, CO₂の排出削減も進まなければ, 経済成長率も低い

という状況です。つまり先進国の中でも，例外的にデカップリングしきれない「後進国」へと転落しつつあるのです。

　このことは，「炭素生産性」の国際比較を行えば，より明瞭となります。「炭素生産性」とは，GDPをCO₂排出量で除した値です。「労働生産性」がGDPを就業者数で除した値だったのに対し，就業者数をCO₂排出量で置き換えたものが，炭素生産性となります。炭素生産性は，1単位のCO₂排出を許容する代わりに，付加価値（GDP）をどれだけ生み出せるかを見ることで，成長の質を測る指標だといえます。炭素生産性を向上させるには，分母のCO₂排出量を削減するか，あるいは分子の付加価値を引き上げる必要があります。

　図10-2は，主要国の第二次産業における炭素生産性推移を示しています。私たちにとってショッキングなことに，1995年にはスイスに次いで第2位の水準だった日本の炭素生産性は，その後低迷し，次々と他国に抜き去られる中で，2015年には米国に次ぐ最下位水準にまで低落しています。21世紀の資本主義が，「脱炭素経済の獲得をめぐる競争」としての色彩を強めていくのだとすれば，日本はその闘いですでに後塵を拝していることを，この図は示しています。

　問題は，産業部門です。産業部門はこれまで脱炭素化に強く反発してきました。経団連をはじめとする産業界は，温暖化対策の強化は，コスト上昇を通じて日本のものづくりを阻害し，その国際競争力を低下させると主張，排出量取引制度の導入をはじめとする温暖化対策の阻止に「成功」してきました。ですが，それでどのような成果があったのでしょうか。上述のように，環境技術のイノベーションは1980年代以降，停滞しており，事業構造の転換による高付加価値化に失敗した日本の製造業は労働生産性を落とし，低付加価値／低収益に甘んじています。加えて製造業の炭素生産性も停滞を続け，他国に次々と抜き去られてきまし

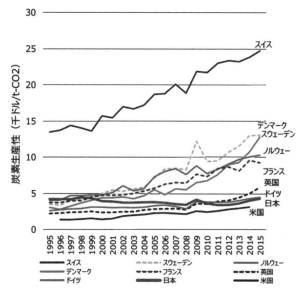

**図10-2　主要国第二次産業の炭素生産性の推移（当該
　　　　年為替名目ベース）**
＜出所＞環境省（2018），「カーボンプライシングのあり方に関す
る検討会」取りまとめ参考資料集，スライド61枚目。

た。
　こうした状況が明らかになってきたのは，温暖化対策が本格的に始ま
った1990年以降，30年近くデータが蓄積されてきたことが大きいので
す。データによる検証が可能になったことで，温暖化対策が経済成長に
及ぼす影響をめぐる論争は，ほぼ決着がついたといえます。つまり結論
は，「温暖化対策は成長と両立する」ということです。それどころか，
温暖化対策は企業に事業構造の見直しを迫り，「炭素集約的で低収益」
な事業領域から「低炭素だが高収益」な事業領域への転換を促すこと
で，成長を後押ししてきた可能性すらあります。

　欧州諸国が炭素生産性を高めてきた背景には，産業構造転換によって「製造業のデジタル化／サービス産業化」を進め，事業領域をより高付加価値分野に移しつつ，CO_2排出量を削減する戦略をとってきたという事情があります。日本企業はこれまで，「ものづくり」の強みを強調しすぎたことで，資本主義の非物質主義的転回に出遅れることになりました（諸富，2020）。このことは同時に，脱炭素化をも困難にしているのです。

　CO_2大量排出業種は，大量にCO_2を排出する代わりに，高収益をたたき出しているのかというと，実はそうではないのです。むしろこれらの業種は，極めて低い収益率にあえいでいるのが実態です。この点をより詳しく見るために，「総資本営業利益率（Return on Asset : ROA）」と「炭素生産性」という2つの座標軸で，日本のCO_2大量排出上位11業種がどのような位置づけを占めているか，確認してみましょう。

　図10-3は，炭素生産性指標を水平軸に，縦軸には利益率（ROA）をとり，各業種がその中でどこに位置するかを明らかにしたものです。各業種の位置づけを評価する際の基軸として，製造業全体の平均値を縦方向と横方向の矢印で示しています。この基軸を基準としてこの平面を，北東方向の第1象限，北西方向の第2象限，南西方向の第3象限，そして南東方向の第4象限に分割することができます。その上で，CO_2大量排出上位11業種のデータをプロットしていくと，どの業種が，どのような性質をもっているかをよく理解できます。

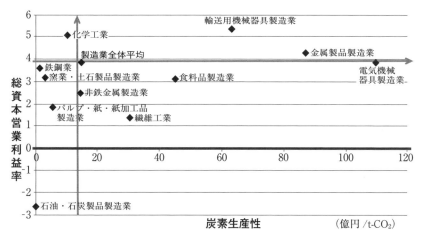

図10-3　CO$_2$大量排出上位11業種における炭素生産性と総資本営業利益率（ROA）の関係（2014年）

＜出所＞ 炭素生産性については，「温室効果ガス排出量算定・報告・公表制度」による各年度温室効果ガス排出量の集計結果資料から業種別CO$_2$排出量データを，各年度版「法人企業統計年報」の「業種別，規模別資産・負債・純資産及び損益表」から業種別付加価値データを抽出，算出している。総資本営業利益率データについては，「法人企業統計年報」の各年度版「業種別財務営業比率表」に基づいて算出している。

　この図からは，同じCO$_2$大量排出業種といっても，それが生み出す付加価値や利益率に着目すれば，きわめて多様な性質をもっていることがわかります。第1象限の業種のように，炭素生産性と利益率の両方で好成績を収めている業種がある一方で，第3象限の業種のように両者ともに大きく見劣りする業種もあります。今後，日本経済が脱炭素を図りつつ，経済成長を達成するには，第3象限から第1象限へと日本の産業全体を押し上げていくか，あるいは産業構造転換を促し，日本の産業の重点を図の北東方面にシフトさせていくことが必要となります。

（2）産業政策上の政策手段としての「カーボンプライシング」

　スウェーデンをはじめ，経済成長とCO_2排出の「デカップリング」を達成した国々は，20世紀の産業構造と技術の延長線上にではなく，大胆に産業構造を転換したことで初めて，「グリーン成長」を可能にしました。企業レベルでも事業構造を大胆に見直すことで，時間をかけてより付加価値が高く，よりCO_2排出の少ない，つまり両者が重なり合う事業領域へと進出することで高い収益率とCO_2排出削減の同時達成に成功している欧州企業が多いのです。日本ではこうした転換が進まなかったために，デカップリングにいまだ成功できていません。

　では，どのようにしてそのような産業構造転換を促せばよいのでしょうか。その有力な鍵となるのが，第8章で論じた「カーボンプライシング」です。カーボンプライシングは，環境政策上の政策手段と長らく位置づけられてきました（諸富，2000）。この点はもちろん，いまも変わりません。しかし，北欧諸国が1990年代初頭に炭素税を導入して以来，30年近くが経過する今日，その経験から得られたデータに基づいて，カーボンプライシングが少なくとも経済成長を阻害することはないことが判明しました。それどころか，これはあくまでも仮説の段階ですが，カーボンプライシングが産業構造転換を促し，結果としてそれを採用した国の経済成長を促進した可能性すら考えられます。つまりそれは「環境政策の手段」を超えて，「産業政策上の手段」や「経済成長促進政策」として機能した可能性があります。

　これは，カーボンプライシングが産業の国際競争力を阻害し，経済成長に負の影響を与えると考えてきた従来の観念を覆すものであり，その妥当性は，実証研究によって確かめられる必要があります。この点を留保しつつも，あえてこの仮説を，デカップリングに成功した欧州諸国をとって敷衍するならば，その論理は次のようになるでしょう。

　1990年代に本格的な温暖化対策に着手した欧州諸国では，炭素税をはじめとするカーボンプライシングの導入が，世界に先駆けて始まりました。同時に，1970年代の石油ショックとインフレがもたらした高賃金や，日本，韓国，台湾をはじめとする東アジア諸国の台頭により，欧州の重厚長大産業は1980年代までに競争力を失っていきました。彼らは，生き残るためにも産業構造を転換せざるを得なくなったのです。その結果，より高度な製造業に移行すると同時に，「製造業のサービス産業化」を図ることで，より付加価値の高い事業領域に進出していきます。

　脱炭素化は，以上のような変化とほぼ同時並行的なプロセスとして進行しました。重厚長大産業からより高度な製造業への進化や，製造業のサービス産業化は，高付加価値化の道であると同時に，CO_2排出量の削減へ向けた道でもありました。個別企業のレベルでも，グローバル化，情報化／デジタル化，高齢化／長寿命化などと並んで，脱炭素化が，経営戦略策定の際のメガトレンドとして，欧州企業の意思決定に反映されるようになっていきます。つまり，企業の経営戦略上，高付加価値化へ向けたベクトルと脱炭素化へ向けたベクトルが，同じ方向を向くようになったのです。

　脱炭素化は，格好の投資機会をもたらしました。低成長時代に入って経済が成熟化してくると，投資機会が減少しますが，脱炭素化のために新しい製品・サービスを開発・製造しなければなりません。そのために，新しいインフラを整備しなければなりません。さらには，エネルギー供給構造を脱炭素型に切り替えねばなりません。これら一連の転換が，脱炭素化投資を喚起してくれるのです。これらの投資が国内で行われれば，もちろんGDPの拡大につながります。さらに，長期的にはこうした投資がエネルギー生産性を向上させ，生産設備の更新を通じてビンテージ（設備年齢）を引き下げ，生産性の向上につながります。

　カーボンプライシングは，以上の変化を後押しする政策手段になったと思われます。それは価格体系を，脱炭素化に有利な方向に切り替えました。しかも，炭素税の税率はたいてい，いったん導入されると，段階的に引き上げられていきます。脱炭素化に向けて対応しなければ，それがもたらすビジネス上のリスクは，時間とともに大きくなってしまいます。脱炭素化が不可避で，いずれカーボンプライシングの水準が引き上げられていくならば，必要な事業構造の転換を遅らせるのは得策ではありません。カーボンプライシングは，欧州企業の事業構造転換を後押しすることで，彼らをより高付加価値の事業領域へと押し出すのを促したのです。

参考文献

笹之内雅幸（2000），「排ガス・燃費規制と自動車産業」地球環境戦略研究機関（IGES）編『民間企業と環境ガバナンス』中央法規，60-82頁.

諸富徹（2000），『環境税の理論と実際』有斐閣.

諸富徹（2020），『資本主義の新しい形』岩波書店.

諸富徹・浅岡美恵（2010），『低炭素経済への道』岩波新書.

Wicke, L.（1993）, *Umweltökonomie : eine Praxisorientierte Einführung*, 4.Aufl., Verlag Vahlen.

学習課題

【問題１】

　環境と経済は，対立する関係だと考えられてきましたが，本当にそうでしょうか。過去の環境政策の経験に基づいて，環境と経済がむしろ好循環となったケースについて，産業競争力や雇用への影響を手掛かりに，説明をしなさい。

【問題２】

　「脱炭素化」と経済成長は，とても両立できないと考えられてきました。ですが，これまでの気候変動政策の経験から，脱炭素化へ向けた取り組みがむしろ，経済成長を促す可能性を見出すことができます。なぜこうした「逆説」が可能になったのでしょうか，その背景を説明しなさい。

11 | 環境における法の役割

大塚 直

《この章のねらい》 この章からは環境に関する法について学びます。今まで現代的な環境問題に焦点を当てて学習してきましたが，法はその時々の状況に対処し，歴史的に蓄積されていくものですから，この章からは，公害が盛んであった時代からの歴史的な展開も見ていくことになります。

環境問題について法はどのような役割を果たしているでしょうか。そもそも法とはどのようなものでしょうか。法には，社会規範であり，公平性や正義性を満たすものであること，対象となる者に対して義務づけをし，義務を守らないときは処罰するものであること，という2つの特色があります。環境法はこのような特色をもつとともに，制度設計が重要である点で他の法分野と異なっています。

近代以降の財産権尊重の思想に対し，環境問題は，公共の福祉による財産権等の制限を要請しました。環境問題の中でも，公害問題は，特定の有害物質が大量に集中して放出され，個々人の被害との因果関係が確実であるという特色があるのに対し，1980年代以降の環境問題は，微量の有害物質や人間の健康に直接の影響を及ぼさない物質が長期間にわたって環境に放出されるもので，個々人の被害との因果関係は必ずしも明確でないという特色をもちます。後者は「リスクの不確実性」の問題であり，今日の環境法の中心課題となっています。

環境政策の手法としては規制的手法が主要なものですが，コストやインセンティブ（誘因）の観点からは，経済的手法の方が望ましいことが指摘されています。どのような場合にどのような手法を用いるべきかについて，ポリシー・ミックスが重要な課題となっています。

《キーワード》 法規制，公平性，財産権，不確実性，比例原則，経済的手法，マスキー法

1. 環境法とは何か

（1）法の特色と環境問題

　環境法とは，環境保全上の支障をコントロールし，良好な環境の確保を図ることを目的とする法の総体をいいます。

　日本の代表的な法哲学者の１人である碧海純一博士は，法規範とは，「政治的に組織された社会の，その成員によって一般的に承認され，かつ究極においては物理的強制力にささえられた支配機構によって定立されまたは直接に強行される規範」であるとしています（碧海純一『新版法哲学概論』（弘文堂・1964年）75頁）。法や法律学の他の分野と異なる特色は，次の２つにあるといってよいでしょう。

　第１に，法とは社会規範の１つであり，公平性や正義性を満たすものです。何が公平か，何が正義に適っているかは一義的でありませんが，明らかに不公平とか，正義に適っていないことは判断できる場合が少なくありません。日本の民法学者で法政策学を構想した平井宜雄博士は，「法的思考様式」を，因果的な「目的＝手段思考様式」と対比しています（平井宜雄『法政策学〔第２版〕』（有斐閣・1995年）18頁）。

　第２に，法律は対象となる者に対して義務づけをし，義務を守らないときは処罰することが可能なことです。強制という要素は，法律の重要な機能といえます。

　では，環境問題において，法のこのような特色はどのように関連してくるでしょうか。

　第１の，何が正義に適っているかについての基準は，法律によって決められ，最終的には裁判所によって判断されます。公害・環境問題によって発生した損害については，いわゆる四大公害訴訟が昭和30年代に提起され，昭和40年代に加害企業の過失と被害との因果関係を認めた判決

が出されたことが有名ですが，これは，被害者救済の観点から公平性が図られたものといってよいでしょう。弱者救済も公平性に関連する問題です。

　また，環境問題については，リスクの発生・多様化に伴ってさまざまな法律が制定されていますが，これは規制をされる事業者の負担と規制によって生まれる市民の利益を比較しつつ，過度に少ない規制をするものであっても，過剰な規制をするものであってもいけません（過剰規制の禁止を「比例原則」といいます）。頻度は少ないですが，立法や行政の怠慢が後で裁判上争われ，規制権限不行使として国家賠償の対象となることもあります。熊本水俣病に対する国の規制が1959年11月末の時点でなされなかったことについて，2004年の最高裁判決は，規制権限不行使の違法があったことを認め，国に損害賠償を命じました（最高裁判所平成16年10月15日判決・最高裁判民事判例集58巻7号1802頁）。環境問題について正義が追求された場面といえるでしょう。

　第2は，法律は強制の手段であることです。国・地方の環境を守るため，また，個人の権利を守るため，法律で強制をしなければならない場合があります。その多くは規制によりますが，最近では誘導的な手法が用いられることも多くなっています。これに対して，自主的取り組み促進は環境政策手法の1つといえますが，その多くは法律に基づくものではありません。この手法については，後から触れるように，いくつか注意しなければならない点があります。

　他方，法の中でも環境法は他の分野と異なる特色があります。いくつかありますが，ここでは制度設計が重要なポイントとなることをあげておきたいと思います。環境問題は他の社会科学，自然科学と密接な関係をもっており，環境法についても立法によって制度設計をしていくことの必要性が高いからです。

（2）環境法の分類

　法には，成文法（制定法）と不文法がありますが，環境法については
ほとんど成文法しか問題になりません。成文法としての環境法はいくつ
かに分類されます。

　第1に，国内環境法と国際環境法に分かれます。国際環境法は国際条
約を対象とします。環境条約には，特定の地域的課題について隣接国間
で締結される2国間環境条約，地域環境条約，地球全体の課題に関する
多国間条約があります。

　第2に，国内環境法については，公法と私法の区分が重要です。公法
とは個人と国家との関係を規律するものであるのに対し，私法とは個人
と個人の関係を規律するものです。

　環境の分野では，まず被害者に損害賠償などの私法上の救済が認めら
れるかが課題とされ，これが，四大公害訴訟を通じて，判例上認められ
るようになりました。しかし，損害賠償は被害者に被害が発生してから
請求されるもので，事後的な対応しかできないという限界があります。
この点で，私法上の差止が注目されますが，最近少し認められる例が出
てきたものの，裁判所は長らく差止請求の認容には消極的でした。他
方，1960年代以降，わが国では多くの環境立法が制定されましたが，こ
れらは公法に属するものです。私法，すなわち，民事訴訟は個別の事件
の解決に向いていますが，事前予防を一律に行うには公法による対応が
必要となります。環境私法と環境公法は，それぞれ被害者の救済と，環
境負荷の未然防止という異なる観点から，車の両輪のように発展してき
ました。

　第3に，環境公法はさらに，法律と条例に分かれます。憲法上，条例
は「法律の範囲内で」制定できることとされ，地方自治法でも同様の規
定を置いていますが，地方分権一括法制定以来，法律に基づく事務で地

方自治体が実施する事務は，すべて自治体の事務となりました。これらの事務は全て自治体の条例制定権の対象にもなるわけで，自治体の環境関連の条例は，以前よりも制定されやすくなったという意見が有力に主張されています。

2. 環境問題に対する法的対応

（1）財産権の尊重と制限

　近代の財産権の尊重の思想は現代にまで及んでいます。憲法においても財産権は保障され，また，営業活動の自由が保障されています。しかし，産業活動の高度な発展，大規模な開発活動の進展とともに，人間の活動が自然の受容力を超えてしまい，さまざまな環境問題が発生してきました。国により問題が顕在化した時期や態様は異なりますが，日本では1960年代以降特に顕著となります。いわゆる公害問題です。さまざまな有害物質による汚染により，多くの人が亡くなったり傷ついたりしました。また，開発行為によって多くの森林や湿地が失われていきました。このような問題に対しては，単に財産権や営業活動の自由を保障するのでは十分でなく，人間活動に対する何らかのコントロールが必要なことが明らかになってきました。憲法上は，これは公共の福祉による財産権等の制限という形で現れます。財産権の制限は，法律によって行われ，1960年代末ごろからさまざまな環境規制立法が制定されました。

（2）多様化する環境問題

　1970年代までの環境問題は，公害問題が中心でした。これについては健康被害や生活環境への被害が問題となるのですが，特定の有害物質が大量に集中して放出され，個々人の被害との因果関係が確実であるという特色がありました。当時の水俣病はその典型例です。

　公害問題に対しては，特定施設に対する規制を行う立法が行われました。これに対し，1980年代以降の環境問題は，微量の有害物質や人間の健康に直接の影響を及ぼさない物質が長期間にわたって環境に放出され，生態系や人体に影響を及ぼし，個々人の被害との因果関係は必ずしも明確でないという特色をもちます。地球温暖化や微量の化学物質による汚染はその例です。今日の環境法で重要な「リスクの不確実性」の問題です。原因と被害発生との因果関係が明らかでない場合に，法律によって規制することは簡単ではありません。規制をかけると事業者に経済的な損失が発生するからです。もっとも，放っておくと，しばらくたってからとんでもない事態を引き起こさないとも限らないわけです。特に地球温暖化問題は，国民のライフスタイルの変更の必要という非常に大きな問題と関連しています。

　また，1970年代後半から，廃棄物の増加に伴う処理の困難，廃棄物処分場からの汚染，不法投棄，首都圏等大都市圏から地方への大量の廃棄物の移動・搬入など，廃棄物をめぐるさまざまな問題が噴出しましたし，景観・アメニティなどの都市景観保護の問題も起きています。自然環境，生物多様性の破壊の問題も続いています。

　このうち廃棄物をめぐる問題は，処分場設置に伴う健康被害・生活環境への被害の防止という点では，公害と同様に，特定施設への規制が問題となりますが，廃棄物問題の背後には，大量の廃棄物の発生という問題があり，社会全体における廃棄物の発生抑制（Reduce）・リユース（Reuse）・リサイクル（Recycle）（「3R」とよばれます）の推進をどう行っていくか，首都圏等から地方への廃棄物の搬入については，廃棄物を排出する地域が得られる利益と，それを搬入される地域が受ける負担についてどう公平を図るかという問題を考える必要が出てきます（受益と受苦の公平）。一方，自然保護，都市景観保護については，一定の地

域を指定してその部分については開発行為等を抑制する方法（「ゾーニング」とよばれます）がとられることになります。

（3）国・自治体の義務

　公害・環境破壊によって国民や住民の健康被害や生活環境被害が起きないようにする義務は，企業や開発者に課されているといってよいですが，国および地方自治体にもそのようなことが起きないようにする一般的義務が課されていると考えられています。もっとも，国や自治体の義務の根拠を憲法に求めるか，憲法をどのように理解するかについては議論があります。国や自治体が規制を行う際に，規制をされる側の事業者に対して営業の自由の不当な侵害がないように気をつけなければなりませんが，国・自治体は同時に，規制をすることによって市民が利益を受けることについても配慮する必要があります。行政法は従来，行政と規制される事業者との関係について焦点を当てて議論をしてきましたが，さらに行政と市民との関係についても焦点を当てる必要があり，「二面関係から三面関係へ」議論を発展させる必要があるといわれています。

（4）地球環境問題の広がりと国際環境法の展開

　1980年代後半から，オゾン層破壊，地球温暖化（気候変動），生物多様性の破壊，酸性雨，熱帯林の減少，砂漠化，海洋汚染等の地球環境問題が注目されるにようになり，1992年には，各国の首脳がブラジルのリオ・デジャネイロに集まり，環境と発展（開発）に関する国連会議を開催し，21世紀に向けて地球環境を健全に維持するための国家と個人の行動計画（リオ宣言），それを具体化するための行動計画（アジェンダ21）を採択しました。また，生物多様性条約，国連気候変動枠組条約もここで採択されました。

　地球環境問題に関しては，ほかにも，オゾン層保護のためのウィーン条約およびモントリオール議定書，廃棄物その他の物の投棄による海洋汚染の防止に関するロンドン条約，残留性有機汚染物質に関するストックホルム条約，絶滅のおそれのある野生動植物の種の国際取引に関するワシントン条約など多くの国際条約が採択されています。

　地球温暖化（気候変動）は，人間活動の拡大に伴い，二酸化炭素等の温室効果ガスの排出量が増大し，これによって大気中の温室効果ガスの濃度が高まり，気温の上昇，海面上昇および沿岸部の侵食，異常気象の頻発および洪水，病害虫の増加，農作物等の質の低下，感染症リスクの増大などがもたらされる現象です。気候変動については，国連気候変動枠組条約の下に，1997年に京都議定書が採択され，また，2015年にはパリ協定が採択されました。

　近時，プラスチックの海洋汚染による，生態系を含めた海洋環境への悪影響，沿岸域居住環境への悪影響が問題となり，また，プラスチックが吸着する有害物質による健康被害のおそれが懸念されていますが（人間の健康被害のエビデンスはまだ確認されていません），2019年5月には，包括的なライフサイクルアプローチを通じて，2050年までに海洋プラスチックごみによる追加的な汚染をゼロにまで削減することを目指す「大阪ブルーオーシャンビジョン」がG20首脳間で共有されました。国際条約の採択など，国際的な取組の必要が高まっています。

3. 環境法を実現するための手法

（1）規制的手法の問題点とポリシー・ミックス

　環境政策の手法としては，かつてはどの国でも，行政機関が排出者に排出基準を守ることを求め，それを強制するという規制的手法が主として用いられてきました。今日でもこれが環境政策の中心であることには

変わりがありませんが，これのみでは十分でないことがわかってきています。

　一般的問題として２点あげましょう。

　第１は，行政のリソースの限界，監視手法の限界のため，規制的手法だけでは限定された効果しか発揮されないことです。

　第２は，不確実なリスクに対しては，被害発生との因果関係が明確でないため，先ほど触れた比例原則から，規制をすることが難しいことです。

　第１点は，地方自治体の財政が困難になっている今日，わが国ではかなり深刻な問題があります。もっとも，ほかの手法がこの点を抜本的に解決できるかは問題です。どの手法も多かれ少なかれ行政リソースの限界の問題を抱えているからです。

　第２点は，規制が物質や対象を特定して厳しい対応を行うことから，被害発生との因果関係が明確でない場合には，国や自治体が規制をすると，過剰な対応になりかねないという問題と関連しています。すなわち，リスクが不確実なケースでは別の手法を用いることが必要となるわけです。結局，環境政策としては，規制的手法のみでは十分でなく，ほかの手法との併用（「ポリシー・ミックス」といいます）が必要ということになります。

（２）規制的手法と経済的手法

　さらに，規制的手法については，コストやインセンティブ（誘因）の点で問題があることが主に経済学者によって指摘されてきました。

　すなわち，第１に，規制的手法は一律規制であるために，各企業によって汚染削減のコストが異なることが無視され，社会における汚染削減費用が全体として浪費される結果となることです。

第2は，排出基準による規制では，（企業は汚染削減をいったん達成してしまえば，後は全く気にしなくてもいいため）汚染削減についてのインセンティブが継続的には与えられず，環境負荷をできるだけ減らしていくという観点からは十分でないこと，また，（同様の理由で）汚染物質の排出を抑制するような技術開発に対しても，適切なインセンティブが与えられないことです。

このようにコストやインセンティブの観点からは，規制的手法は必ずしも適当ではなく，むしろ税・賦課金や排出枠取引，（廃棄物問題では）デポジット（預託金方式）などの「経済的手法」の方が適切であるということです。経済的手法には補助金も入りますが，これは「汚染者負担原則」との関係で，環境政策として必ずしも望ましいものではありません（第12章参照）。

法的観点から，規制的手法と経済的手法を比較するとき，最大の違いは，規制によるときは，基準違反は違法となるのに対し，経済的手法によるときは，排出等が大量に行われても適法であるが，賦課金等が課されるという点にあります。

（3）経済的手法の長所と短所

他方，経済的手法にも弱点がないわけではありません。第1に，緊急に汚染物質の削減を必要とする場合には，賦課金や排出枠取引などを使って悠長に対処している余裕がありません。第2に，局地的に汚染が集中することが問題となる場合（「ホット・スポット問題」といいます）には，賦課金や排出枠取引では十分な対処ができないことがあります。第1の場合は規制を導入することが必要となります。第2の場合は規制を導入するか，賦課金や排出枠取引の制度の中にホットスポット問題が起きないような工夫をすることが必要となります。

　経済的手法の強みは，何といっても社会全体での削減コストを低くすることにあります。例えば有害物質については，代替物質があれば以後使用を禁止するとか，使用を制限するという場合には，削減コストはあまり問題になりません。社会でどうしても排出されるが，排出量をできるだけ減らしたい，しかも，社会全体で少ないコストで減らしたい，というときに経済的手法が最も効果を発揮するのです。対策に膨大なコストがかかり，そのインセンティブを与えることがきわめて重要な地球温暖化問題と廃棄物問題は，まさに経済的手法が活用されるべき分野といえます。

（4）その他の手法

　経済的手法以外にも，柔軟性と自主性を重んじる手法として，「特定化学物質の環境への排出量の把握等及び管理の改善の促進に関する法律（PRTR法）」の下での化学物質の排出量や移動量を届け出る制度や，地球温暖化対策推進法の報告・公表制度のように，情報を公表することによって市場において事業者を環境配慮に誘導していく情報的手法があります。また，地球温暖化等に関する日本経団連の環境自主行動計画や低炭素社会実行計画のような，事業者の自主的取組手法も注目を集めています。もっとも，自主的取組に依存する場合には，履行の確保が難しいこと，アウトサイダーがただ乗りをするのを防げないことなどの問題があります。

4.　環境規制と技術の関係

　法は，先ほど触れた比例原則との関係であまり事業者に負担をかけずに規制をすることを求めています。しかし，比例原則のいう利益の衡量は必ずしも明確なものではありません。環境法では，むしろ，環境規制

が技術開発を進展させ，その事業者のその後の発展を基礎づけた例があるからです（これを「ポーター仮説」といいます）。アメリカの大気汚染に関するマスキー法はその好例です。これは，1960年代後半から問題となったロサンジェルス等での大気汚染を緩和するため，アメリカで1970年に，大気浄化法を改正し，自動車排ガス中の炭化水素，一酸化炭素，窒素酸化物の排出量を大幅に削減するよう求めたものです。日本の自動車メーカーはこの基準をいち早くクリアすることによって，今日の繁栄の礎を築いたといわれています。この考え方はアメリカで「技術強制（Technology Forcing）」とよばれています。また，アメリカのカリフォルニア州では，1990年に大気清浄化の手段として，州内で一定台数以上自動車を販売するメーカーは，販売台数の一定比率を電気自動車（EV）や燃料電池車（FCV）など排出ガスを出さないゼロエミッション車（ZEV）にしなければならないと法律（ZEV法）で定め，基準を更新していますが，これも技術強制の例といえるでしょう。わが国の省エネルギー法の下のトップランナー方式は，基準を立てて技術開発を強制するものではありませんが，一定の時間をかけて業界の製品全体の省エネ化を進める点で，環境規制が技術の普及を促進するものといえます。

参考文献

碧海純一（1964），『新版法哲学概論』弘文堂.

阿部泰隆（2002），「環境法（学）の（期待される）未来像」大塚直・北村喜宣編『環境法学の挑戦』日本評論社，371頁.

大塚直（2010），『環境法（第3版）』有斐閣，同（2020），『環境法（第4版）』有斐閣.

大塚直（2016），『環境法 BASIC（第2版）』有斐閣.

畠山武道（2014），「環境基本法体制―20年の歩みと展望」高橋信隆・亘理格・北村喜宣編著『環境保全の法と理論』北海道大学出版会，575頁.

平井宜雄（1995），『法政策学（第2版）』有斐閣.

練習問題

【問題１】

考えられる環境問題をあげ，それぞれがどのような特色を持っているか，それによって法的な対応がどのように変わってくるかを検討しなさい。

【問題２】

地球温暖化問題を例に我が国の環境政策の手法としてどのようなものがあるかを検討し，日本の政策の特色を述べなさい。

解答例

【問題１】

公害問題については，施設や物質が特定しやすく，それらと被害との因果関係も明確なことが多いため，規制的手法を用いられます。これに対し，微量の化学物質や地球温暖化のようにリスクが不確実な場合は規制的手法を用いることが困難です。経済的手法や情報的手法を活用すべきです。また，廃棄物に関しては処分場の安全性については規制が必要

である一方，廃棄物の発生抑制やリサイクルの推進には，社会的費用の低減が特に重要であり，経済的手法や情報的手法等が活用されるべきでしょう。自然保護，生物多様性保護，都市景観保護については，一定の地域を指定してその部分の開発行為等を制限するゾーニング手法が有効です。

【問題２】

　日本の温暖化対策に関する主要な法律としては，①省エネルギーの観点からの規制（省エネルギー法），②温暖化に寄与するフロン類の回収・破壊に関する規制（フロン排出抑制法，自動車リサイクル法等）とともに，③再生可能エネルギー電気について電気事業者に固定価格での買取を義務づけ（再生可能エネルギー特措法），④流通業務についての効率化計画の策定と認定の仕組みを補助金の下に行わせ（流通業務の総合化及び効率化の促進に関する法律），⑤産業，業務，運輸を問わず，温室効果ガスを多量に排出する企業について，温室効果ガスの排出量を算定し，事業所管大臣に報告することを義務づけ，国がこれを集計公表すること（地球温暖化対策推進法），⑥地球温暖化対策税などがあげられます。①，②は規制的手法，③は規制的手法＋経済的手法，④は補助金（経済的手法），⑤は情報的手法，⑥は経済的手法といえます（大塚直『環境法〔第３版〕』143頁以下，同『環境法 BASIC（第２版）』368頁以下参照）。これ以外に，産業界によるものとして低炭素社会実行計画があります。わが国の温暖化対策は，産業界の自主的取り組みに大きく依存している点，国の施策としては規制的手法に比較的重点が置かれてきた反面，経済的手法の利用が限られていた点に特色が見られます。

12 | 環境基本法と環境法の理念・原則

大塚 直

《**この章のねらい**》 本章では，種々の環境法の中でも最も基本となる，環境基本法を中心に，環境法の仕組みについて扱います。

環境基本法は1993年に制定されましたが，どのような背景で制定され，また，どのような特色をもっているでしょうか。環境法といえば，新聞等をお読みの方は，訴訟などで環境権というものが主張されていることを見聞きしているでしょう。環境権の規定は環境基本法に明確な規定はありませんが，その趣旨を入れたものがないわけではありません。環境権以外にも環境法の理念というものがあるのでしょうか。

また，環境基本法には環境基本計画というものが法定の計画として作られることになっています。1994年に最初の環境基本計画が策定され，現在では第5次の環境基本計画ができています。これはどのようなもので，どのようなことを定めているのでしょうか。

今回はこれらの点について考えてみましょう。

《**キーワード**》 環境基本法，環境基本計画，環境権，環境法の理念，地方公共団体

-----

1. 環境基本法の成立

（1）環境基本法制定の背景

環境基本法は，従来の公害対策基本法に代わるものとして，1993年11月に制定され，直ちに施行されました。

環境基本法は，それまでの公害対策基本法と，自然環境保全法の一部

を取り入れるとともに，1980年代，90年代に新たに生じた，都市型・生活型公害や廃棄物の排出量の増大，地球環境問題等の今日の環境問題に対応した環境法の基本理念を明らかにし，社会の構成員それぞれの役割を定めるとともに，環境保全のための多様な手法を総合的・計画的に推進していくための枠組みを規定しています。公害対策法から環境管理法への転換を促す法律と見ることができます。

　環境基本法が制定された背景としては，3点あげられます。

　第1に，大量生産，大量消費，大量廃棄型の社会経済活動が定着し，都市への人口集中が加速されるにつれて，地球環境問題や廃棄物問題のような新しいタイプの環境問題が発生したことです。これらは，公害・自然環境の両分野にまたがる点に特色があります。廃棄物については，その処理の過程でばい煙・汚水等の公害を生ずるとともに，処理に伴う埋立や不法投棄によって自然を破壊しますし，地球環境問題についても，地球温暖化に伴う気候変動により，水位の上昇，植生の変化を生じ，生活環境被害が発生するとともに，気温上昇に伴う生態系の撹乱等をもたらします。また，これらは主として国民の日常生活に起因している点にも特色があります。これらの特色は，従来の公害・自然環境問題とは性質を異にしているといえます。

　第2に，第1点で触れたように，一般の国民を対象とする必要があるわけですから，それまでのような問題対処的な規制手段だけでは十分でなく，社会全体を環境への負荷の小さい構造に変えるために，さまざまな施策を総合的・計画的に推進する法的枠組みが必要となりました。

　第3に，さらに，地球環境問題については，国内での環境保護対策にとどまらず，国際的な取り組みを進める枠組みを策定することが要請されるようになりました。

　こうして，①広く一般国民を対象とするという意味での「行政対象の

拡大」と「行政分野の総合化」，②「行政手法の拡大」，③「行政範囲の国際化」が必要となってきたのです。

（2）環境基本法の特色

　従来から公害対策基本法は，公害対策の基本的方向を示す基本法として，国が対策を講ずべき「公害」の範囲（大気汚染，水質汚濁など7種類）を定義し，政府の具体的施策として，①環境基準を定めて環境保全の目標を明示し，②排出基準を定めて公害原因物質の排出を規制し，③公害防止のために土地利用の規制などを図り，④公害紛争処理制度，被害救済制度，事業者による費用負担制度などについて規定を置いていました。

　環境基本法はこれらを引き継ぐとともに，新たに次のような特色を追加しました。すなわち，①基本理念として環境負荷の少ない持続的発展が可能な社会の構築などを掲げたこと（3条―5条），②環境基本法制の根幹に，法定計画としての環境基本計画を位置づけたこと，③国の施策の策定・実施に当たって環境配慮を義務づけたこと，④伝統的な規制手法とは異なるいわゆる経済的措置の導入の可能性を明定したこと，⑤地球環境保全等に関する国際協力のための規定を置いたことです。

　環境基本法には，一定の限界はありますが，生態系の保護を考慮しつつ，持続可能な環境保全型社会の形成を目指し（第14章，第15章参照），国際的な取り組みの積極的推進を掲げている点で，環境行政の転換を図るのにふさわしいものといえます。

2. 環境権とは何か，環境法の理念とは何か

　新聞等にも出てくる環境権とはどういうものでしょうか。環境権以外にも環境法の理念としてどういうものがあるのでしょうか。

（1）環境権とは

　環境権とは，「環境を破壊から守り，良い環境を享受する権利」です。

　環境権は歴史的には，まず民法などの私法の分野で大阪弁護士会を中心に提唱されました。そこでは環境権を私法上の権利であり，環境という対象を直接支配する権利であると構成しました。みだりに環境を汚染し，住民の快適な生活を妨げ，あるいは妨げようとしている者に対しては，環境権に基づいて妨害の排除または予防を請求できるものとされ，主に民事差止訴訟で用いられる権利として構成されたのです。しかし，このような私権としての環境権説は，立法，行政に大きな影響を与えましたが，この説の核心である，個人に具体的被害が生じていなくても「良い環境」が侵害され，またはされるおそれがあれば，原則として差止請求が認められるべきであるとする点を認めた裁判例はない状況です。これは，環境権説が，原告の個別的利益とは言い難い環境利益を私権としてとらえる点に原因があると思われます。裁判例は，人格権を根拠として一定の場合に差止を認めるようになっています。

（2）憲法上の権利としての環境権

　他方，環境権を憲法上の権利として認めることについては，学説の相当数が解釈論として支持しています。そこでは，社会権に関する憲法25条と，幸福追求権に関する憲法13条が根拠とされています。諸外国を見ると，アメリカ合衆国のいくつかの州やオランダ，スペイン，ポルトガルなどでも憲法上の権利として宣言されています。

　憲法原理としての環境価値の尊重の方法として，このような環境権の構成と国の環境配慮義務の構成との2つがありますが，国が十分な環境行政を行っていない場合に，権利を主張する法的主体を認める点では，環境権構成には，国の環境配慮義務ではカバーし切れない意味があると

いうことができます。

　環境権には，憲法13条に由来する自由権としての性格と，憲法25条に由来する社会権としての性格のほか，最近では，参加権としての性格が注目されています。自由権としての環境権侵害の例は，一定の場合の景観利益（国立景観訴訟について，最高裁は，裁判の事案における景観利益を法律上保護されるものとしました）や海辺へのアクセス利益のように，人格権侵害にはいたらない，あるいはいたるか明らかでない利益の侵害の場合です。社会権としての環境権侵害の例は，水俣病のように健康で文化的な最低限度の生活を維持することも困難になるような状況で引き起こされる可能性があります。参加権としての環境権（環境参加権）は，計画（政策）策定過程と政策（法律）実施過程のそれぞれについて問題となります。

（3）環境基本法と環境権

　環境基本法は環境権を認める明文を置いていませんが，基本理念として掲げられている３つの原則のうち，「環境の恵沢の享受と継承」（3条）は環境権の考え方に親近性をもつといわれています。一方，環境基本法には国の環境配慮義務の規定が置かれており（19条），個々の法律に具体的規定がなくても，国が全く環境に配慮せずに行政処分をするときは違法となると考えられます。また，このような場合に行政庁が環境に配慮して許認可をしないときも行政庁の行為は違法とはならないと考えられます。

　先ほど触れた市民参加を実効性のあるものとするためには，NGO，NPO の活動が重要な意味をもちます。また，環境参加権の内容である，政策（法律）実施過程での市民参加は，市民に，行政に対する規制権限の発動の請求を認めることによって確保されるものですが，わが国では

まだこのような請求は広く認められているわけではありません。行政訴訟では義務づけ訴訟（行政事件訴訟法３条６項，37条の２），差止訴訟（同法３条７項，37条の４）が2005年以後認められるようになりましたが，原告適格に制限があるほか，損害の重大性が要件として必要であるなど大きな制約があります。環境保護団体や広く市民が環境訴訟を起こせるような手続を策定する立法が必要と考えられます。国際的には，この点は欧州各国が加盟しているオーフス条約に定められています。我が国の環境基本法は，参加に関する規定が貧弱であるという欠点をもっています。

（４）環境権以外の環境法の理念

　環境権以外にも環境法の理念というものがあるのでしょうか。

　環境基本法は，基本理念として３つのものを掲げています。すなわち，①環境の恵沢の享受と継承，②環境負荷の少ない持続的発展が可能な社会構築，③国際的協調による地球環境保全の積極的推進です（３条―５条）。このうち，①は環境権と関連します。③は国際環境問題に対する政府の姿勢を示す上では重要ですが，環境法の理念として特に取り上げる必要はないでしょう。②は持続可能な発展原則とよばれるものです。

　わが国の環境法学においては，ドイツやEUの環境法の発展を取り入れつつ，環境法の基本理念・基本原則として，この１）持続可能な発展原則のほか，２）未然防止原則・予防原則，３）原因者負担原則があげられることが多くなっています。ここでいう「原則」とは，実定法や裁判所が従うべき一般的な志向や方向性を示すものであり，厳密な法的拘束力のあるものではありません。具体的には，立法の指針および法解釈の指針となるものです。

　1）持続可能な発展原則は，1992年の環境と発展（開発）に関するリオ宣言などで採用されたもので，①生態系の保全，②世代間の衡平，③南北間の衡平の３つの柱を含んでいます。①と②は環境保護を，③はむしろ経済成長・発展，そしてそれによる南北格差の是正を意味しています。各国について見ると，①および②と，③のどちらを重視するかについては国によって見解の違いがあります。その中で，我が国の環境基本法は，基本的には①，②を重視しつつ，「環境への負荷の少ない健全な経済の発展を図る」ことを目的としていると考えられます。持続可能な発展を持続可能な経済成長と誤解する向きもありますが，経済社会全体を環境保護に適するものに変えていく理念を示したものです。なお，環境基本法の前身である公害対策基本法について，1967年の制定時には「生活環境の保全については，経済の健全な発展との調和が図られるようにする」という規定（経済調和条項）があり，これが1970年の公害対策基本法改正のときに，公害に関する十分な対策をとる足枷になるとして削られたのですが，持続可能な発展原則は，経済調和条項とは全く異なるものと理解されています。

　2012年に開催された「国連持続可能な発展会議（リオ＋20）」では，持続可能な発展目標（SDGs：Sustainable Development Goals）の作成が合意され，2015年９月，国連総会でSDGsを含む「持続可能な発展のための2030　アジェンダ」が採択されました。そこでは，環境を含む17分野で169の目標が示され，先進国を含めた取り組みが求められています。

　持続可能な発展原則は，種々の基本原則の頂点に立つ「傘」になる原則であり，この原則から派生する原則として，すぐ後に触れる「予防原則」があります。

　2）未然防止原則（preventive principle）は環境に脅威を与える物質

や活動が人や環境に損害を与えることが科学的に見て蓋然性が高いときに，それを抑制し，人や環境に悪影響を及ぼさないようにするものであり，国際慣習法として認められています。わが国の環境基本法4条にも定められています。

　これに対し，予防原則（precautionary principle）は，環境に脅威を与える物質や活動と環境等への損害とを結びつける科学的証明が不確実であっても，それをもって環境悪化を防止するための対策を延期する理由として用いてはならないとするものです。リオ宣言第15原則などの国際文書に定められています。予防原則の考え方は，人間が歴史的に，人や環境に対する悪影響を警戒しなかったため，多くの被害を招いてきたことの教訓として取り上げられたもので，国によって扱いが異なります。地球環境問題，化学物質管理，外来種，環境影響評価，電磁波，生物多様性保全などが予防原則の対象となります。背景には，科学技術の発達やそれに伴う副作用に，環境影響についての研究が追い付いていない状況があるといえましょう。

　わが国の環境基本法は予防原則について明文では定めていませんが，解釈論上，4条の持続可能な発展原則や，19条の国の環境配慮義務に含まれていると見ることは可能です。また，生物多様性基本法3条3項には予防原則といってよい「予防的取組方法」の規定が置かれましたし，すぐ後に触れる環境基本計画では，各分野での予防原則，予防的取組方法について定められています。

　3）原因者負担原則は，1972年に採択されたOECD（経済協力開発機構）による「環境政策の国際経済面に関するガイディング・プリンシプルの理事会勧告」に示された汚染者負担原則をもとにしています。ただ，OECDの汚染者負担原則が，汚染防止費用のみに着目した経済学的な原則であるのに対し，わが国で用いられてきた汚染者負担原則

（OECD のものと区別して，「原因者負担原則」とよばれます）は，環境復元費用，被害救済費用のような過去の汚染の除去費用をも含む法的な原則である点に相違があります。

この原則は，環境保全の実効性および，効率性が高い点で優れているほか，公平性の確保についても重要な意義があると考えられています。原因者負担の対立概念は公共負担ですが，公共負担ということになれば汚染の原因者は自らが発生させた汚染を自ら処理する費用を負担しなくてもよくなるのであり，環境保全のために行動しなくなる誘因を与えます。例外的に公共負担とすべき場合はありますが，原因者負担を優先させる考え方は，環境法において極めて重要です。

原因者負担原則の環境基本法上の根拠は 8 条 1 項，37条などですが，これらは原因者負担全体を示した規定ではなく，十分ではありません。

なお，原因者負担原則に関連して，1990年代以降，リサイクルにおける費用負担のあり方が議論されており，その中で，容器包装リサイクル法，家電リサイクル法，自動車リサイクル法に見られるような，原因者概念を，間接的原因者である製造者に拡大する考え方（拡大生産者責任といいます）がヨーロッパで採用され，わが国にも導入されていることが注目されます。

3. 環境基本法と環境基本計画

（1）環境基本計画の意義，他の計画との関係

環境基本法は，環境保全に関する多様な施策を，長期的な観点から総合的かつ計画的に推進するため，政府全体の環境の保全に関する施策の基本的な方向を示す環境基本計画を定めることを規定しました。環境大臣が中央環境審議会の意見を聴いた上で，閣議決定によって定められます。

　環境基本計画については，国レベルの他の計画との整合性が問題となりますが，環境基本法はこの点について何の規定も置いておらず，閣議での調整に委ねられています。当初の（当時の）環境庁素案，社会党案には，環境基本計画を上位に置く規定が備えられていましたが，最終的にはこのような規定は置かれなかったのです。

（2）第5次環境基本計画

　環境基本計画は，最初に1994年に策定されましたが，その後，2000年，2006年，2012年，2018年に見直しがなされました。現行の第5次環境基本計画は次のような特色をもっています。

　この計画では，「目指すべき持続可能な社会の姿」として，「循環」，自然との「共生」，「低炭素」を実現する循環共生型の社会を目指すものとしています。すなわち，「生態系サービス」の需給でつながる地域（都市と農山漁村）を一体としてとらえ，その中で連携や交流を深め，互いに支えあっていくという「自然共生圏」の考え方，地域特性や循環資源の性質に応じて最適な規模の循環を形成させることにより地域づくりを進めていく「地域循環圏」の考え方を包含し，さらに「低炭素」社会の実現を目指す「地域循環共生圏」の創造が目標とされています。

　従来の計画と比べた本計画の特色と思われる点としては，第1に，分野横断的な6つの重点戦略（図12-1）を設定したことです。これらの重点戦略はすべて経済・社会との関係で設定されています。環境対策をして，経済・社会も良くするよう政策を進めるという考え方であり，経済・社会にも良く，環境にも良い政策を積極的に取り入れる趣旨です。環境政策が経済成長につながらない場合も当然あるわけでしょうが，本計画は，同時解決がなされるような政策の実現を心がけるという趣旨であり，実際にそれが達成できるかは今後に委ねられます。第2に，重点

環境省 Ministry of the Environment

第五次環境基本計画における施策の展開

○　分野横断的な6つの重点戦略を設定。
→　パートナーシップの下、環境・経済・社会の 統合的向上を具体化。
→　経済社会システム、ライフスタイル、技術等あらゆる観点からイノベーションを創出。

6つの重点戦略

①持続可能な生産と消費を実現する グリーンな経済システムの構築

○ＥＳＧ投資、グリーンボンド等の普及・拡大
○税制全体のグリーン化の推進
○サービサイジング、シェアリング・エコノミー
○再エネ水素、水素サプライチェーン
○都市鉱山の活用　等

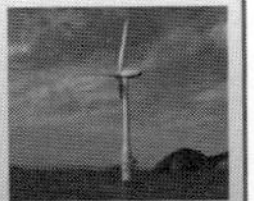

洋上風力発電施設
(H28環境白書より)

②国土のストックとしての価値の向上

○気候変動への適応も含めた強靭な社会づくり
○生態系を活用した防災・減災（Eco-DRR）
○森林環境税の活用も含めた森林整備・保全
○コンパクトシティ・小さな拠点＋再エネ・省エネ
○マイクロプラを含めた海洋ごみ対策　等

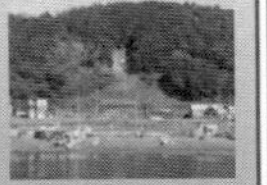

土砂崩壊防備保安林
（環境省HPより）

③地域資源を活用した持続可能な地域づくり

○地域における「人づくり」
○地域における環境金融の拡大
○地域資源・エネルギーを活かした収支改善
○国立公園を軸とした地方創生
○都市も関与した森・里・川・海の保全再生・利用
○都市と農山漁村の共生・対流　等

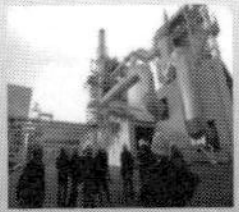

バイオマス発電所
(H29環境白書より)

④健康で心豊かな暮らしの実現

○持続可能な消費行動への転換
（倫理的消費、COOL CHOICEなど）
○食品ロスの削減、廃棄物の適正処理の推進
○低炭素で健康な住まいの普及
○テレワークなど働き方改革＋CO2・資源の削減
○地方移住・二地域居住の推進＋森・里・川・海の管理
○良好な生活環境の保全　等

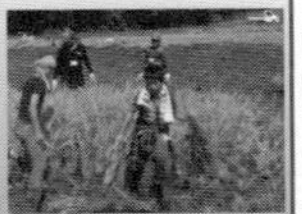

森里川海のつながり
（環境省HPより）

⑤持続可能性を支える技術の開発・普及

○福島イノベーション・コースト構想→脱炭素化を牽引
（再エネ由来水素、浮体式洋上風力等）
○自動運転、ドローン等の活用による「物流革命」
○バイオマス由来の 化成品創出
（セルロースナノファイバー等）
○AI等の活用による生産最適化　等

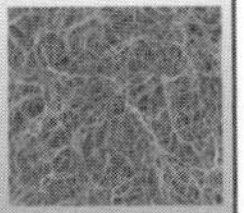

セルロースナノファイバー
(H29環境白書より)

⑥国際貢献による我が国のリーダーシップの発揮と 戦略的パートナーシップの構築

○環境インフラの輸出
○適応プラットフォームを通じた適応支援
○温室効果ガス観測技術衛星「いぶき」シリーズ
○「課題解決先進国」として海外における
「持続可能な社会」の構築支援　等

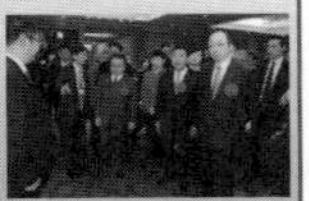

日中省エネ・環境フォーラム
に出席した中川環境大臣

図12−1　第５次環境基本計画における施策の展開(1)　＜出所＞ 環境省資料

重点戦略を支える環境政策

環境政策の根幹となる環境保全の取組は、揺るぎなく着実に推進

フロン類回収（環境省HPより）

廃棄物分別作業（環境省HPより）

絶滅危惧種（イタセンパラ）

水環境保全（環境省HPより）

環境教育（環境省HPより）

中間貯蔵施設・土壌貯蔵施設

○**気候変動対策**
パリ協定を踏まえ、地球温暖化対策計画に掲げられた各種施策等を実施
長期大幅削減に向けた、火力発電（石炭火力等）を含む電力部門の低炭素化を推進
気候変動の影響への適応計画に掲げられた各種施策を実施

○**循環型社会の形成**
循環型社会形成推進基本計画に掲げられた各種施策を実施

○**生物多様性の確保・自然共生**
生物多様性国家戦略2012-2020に掲げられた各種施策を実施

○**環境リスクの管理**
水・大気・土壌の環境保全、化学物質管理、環境保健対策

○**基盤となる施策**
環境影響評価、環境研究・技術開発、環境教育・環境学習、環境情報 等

○**東日本大震災からの復興・創生及び今後の大規模災害発災時の対応**
中間貯蔵施設の整備等　帰還困難区域における特定復興再生拠点の整備、
放射線に係る住民の健康管理　健康不安対策、資源循環を通じた被災地の復興、
災害廃棄物の処理　被災地の環境保全対策等

図12-2　第5次環境基本計画における施策の展開(2)　＜出所＞ 環境省資料

戦略を支える環境政策（図12-2）があげられます。重点戦略が「花」であり，支える環境政策が「幹」，「根」にあたるとされています。今後，「重点戦略」および支える政策の2つの柱についての点検が重要となります。第3に，本計画に影響を与えたものとしては，SDGsと（2015年に採択された，地球温暖化に関する）パリ協定があげられます。SDGsの考え方の活用については，複数の課題を統合的に解決することを目指すこと，（複数の側面における利益を生み出す）マルチベネフィットを目指すことが重視されています。

　全体的に見て，環境と経済・社会の統合を極めて重視した点が従来の環境基本計画と異なる点といえます。

4. 環境行政における国・自治体の役割

（1）地方分権推進と環境行政

　環境基本法は，環境保全に関する基本的・総合的な施策を策定・実施することを，国の責務としています。国には行政府，立法府，司法府が入りますが，このうち行政府で主に環境行政を担っているのは環境省です。

　地方自治体は，国の施策に準じた施策や自治体の地域の自然的社会的条件に応じた施策を策定し，かつそれを実施する責務を負っています。自治体の中には，環境基本条例を制定しているところも数多く見られます。

　日本国憲法は，「地方公共団体の組織及び運営に関する事項は，地方自治の本旨に基づいて，法律でこれを定める」としていますが（92条），地方分権改革までは，都道府県知事や市町村長を国の出先機関の長と同等に位置づける「機関委任事務制度」が地方自治を形骸化させてきたといわれています。

　地方分権改革によって1999年に地方分権推進一括法が制定され，地方公共団体は，「地域における行政を自主的かつ総合的に実施する役割を広く担う」ものとされました（地方自治法1条の2第1項）。国は，全国的に統一すべき基本的準則に関する事務，全国的規模・視点に立って実施すべき事務などの「国が本来果たすべき役割」を重点的に担うこととし，「住民に身近な行政はできる限り地方公共団体に委ねることを基本」とすることとされたのです（同法1条の2第2項）。また，法律に基づく事務で自治体が実施する事務は，すべて自治体の事務となりました。地方分権改革に伴い，自治体独自の環境政策が少しずつ展開されてきています。一方，国には，環境の広域的問題に対処すること，環境関連の基準を設定すること，自然保全地域について直接執行を行うなどの観点から，事務を行うことが期待されます。野生生物やリサイクルなどの全国的規模・視点に立った事務を行うことは国がまさに行うべきものと考えられます。

　地方自治体についても，都道府県と市町村の事務の関係が問題となります。これについては，都道府県が広域の地方自治体として，それに相応しい事務を処理するものとされています。例えば，市町村の境界を越えて広がる自然空間の保全は，都道府県の責務とみられます。もっとも，法律に基づく事務の場合，すでにその法律によって事務実施上の役割分担が決められています。

（2）三位一体補助金改革の弊害

　2005年度から，いわゆる三位一体補助金改革により，自治体に対する環境モニタリングの国の補助制度が廃止された結果，各地で環境モニタリングの地点の減少，簡略化が進んでいます。この背景には，地方自治体によっては環境対策の十分な行政リソースを割く余裕がなく，また住

民の意識があまり高くないことがあるという問題があります。モニタリングは環境行政の出発点であり、由々しき事態であると考えられます。

参考文献

阿部泰隆・淡路剛久編（2011），『環境法（第4版）』有斐閣.

大塚直（2010），『環境法（第3版）』有斐閣，同（2020），『環境法（第4版）』有斐閣.

大塚直（2016），『環境法 BASIC（第2版）』有斐閣.

畠山武道・大塚直・北村喜宣（2007），『環境法入門（第3版）』日本経済新聞出版社.

交告尚史ほか（2020），『環境法入門（第4版）』有斐閣.

練習問題

【問題１】

環境基本法には重要な意義がありますが、他方でいくつかの課題も指摘されています。課題としてどういう点があるか考えてみましょう。

【問題２】

持続可能な発展原則は、かつての公害対策基本法の「経済調和条項」とどこが違うのでしょうか。

解答例

【問題1】

　環境基本法の課題として第1にあげられるのは，住民参加に関する規定が貧弱なことです。住民の参加については，環境基本法は，環境教育や環境保護団体（NGO）の自発的活動に役立つため，といった極めて限定された範囲での国の情報の提供に関する規定（27条）を置いているにすぎず，これでは国が有する情報のうち国が適切と判断するものを国が適切と判断する人に提供することができるというにすぎません。行政庁が環境情報を公開しなければならない場合がどういう場合かという点についても，また住民や国民の参加についても，全く触れていません。地球環境問題がますます重要性を帯びる中で，市民の参加と協力なしに問題を解決することは困難であるといわなければなりません。なお，環境に限定される問題ではないですが，1999年に行政情報公開法が制定されています。

　第2に，第1点と関連して，環境権について明確な規定を置かなかったことが批判されています。環境権の法的性質については議論がありますが，行政庁が環境権を積極的に実現すべきものである点については異論がありませんので，川崎市環境基本条例2条1項のように行政庁が市民の環境権の実現を図るという形で規定することはできたのではないか，やや政治的な規定となる面もありますが，このような規定が入ることによって，市民のイニシアティブを通じ，環境保全の進展が図られるのではないかという課題があります。

　第3に，環境基本計画については，国レベルの他の計画との調整の規定がなく，その実効性が必ずしも明確でないことが批判されています。

【問題２】

　持続可能な発展原則も，経済と環境を関連させる点では，かつての「経済調和条項」に近づくともみられなくはありません。しかし，次のような違いがあると考えられています。

　かつての公害対策基本法における「経済調和条項」は，「環境か，経済か」という二者択一の議論の中で，環境保全を経済発展の枠内で行うという考え方を示したものです。例えば，この条項の下に制定された，水質に関する法律は，指定された水域についてだけ適用され，設定された排水基準もそれまでの排水濃度を後追いするような緩やかなものにとどまっていました。

　これに対して，環境基本法における「持続可能な発展」は，人類の存続自体が環境を基盤にしており，その環境が損なわれているという認識の下に，社会経済活動全体を環境適合的にしていかなければならないという考え方をとるものです。そこでは，環境と経済を対立したものととらえるのでなく，あくまでも環境を基盤としつつ，経済を環境に適合させる形で両者を統合することが考えられているのです。

13 | 個別環境法の仕組みと環境影響評価法

大塚　直

《この章のねらい》　本章では，個別環境法の仕組みについて扱います。

　環境規制は伝統的には公害と自然保護の分野に分かれますが，廃棄物処理，温暖化対策などに広がっています。これらの仕組みはどのようになっているのでしょうか。

　また，開発行為をする前にその行為が環境に及ぼす影響を事前に調査・予測することは，環境破壊を防止するために極めて重要です。

　今回はこれらの点について考えてみましょう。

《キーワード》　環境規制，水質汚濁防止法，廃棄物処理法，自然公園法，環境影響評価法

　個別環境規制法の仕組みを概観してから，最近改正された環境影響評価法に重点を置いて見ていきたいと思います。

1．環境規制法の仕組み

　環境規制法は，主に，大気汚染防止法，水質汚濁防止法などの公害規制法（類似しているが，やや性質が異なるものとして，廃棄物処理法があります）と自然保護法に分かれます。さらに，一定規模以上の開発行為については，それに伴う環境影響を事前に調査・予測し，その結果を踏まえて行政の決定に反映させるプロセスである「環境影響評価」が行われます（環境影響評価法→2．）。

（1）公害法の規制

　大気汚染防止法，水質汚濁防止法に代表される公害規制法は，公害の種類によってやや異なりますが，基本的には，規制内容を確定し（環境基準），公害の発生施設を特定し，そこから排出される汚染物質などの許容濃度（排出基準）を定め，それを守るよう強制する方法（排出規制方式）がとられます。排出基準の定め方としては，一般に濃度規制方式が用いられていますが，産業が集中している地域では，個々の工場が濃度規制を遵守していても，その地域で環境基準を達成することは困難であり，そのような地域を指定し，排出総量が規制されます（総量規制）。

　公害規制法は，次の項目を含んでいます。

　第1に，規制内容が確定していることです。行政の努力目標である「環境基準」を達成するため，個々の工場・事業場については施設の排出口から排出される汚染物質の量や濃度に関する許容限度である「排出基準」が設定されます。さらに，規制地域，規制対象が確定されます。規制地域制は騒音・振動についてはとられていますが，大気，水質についてはとられていません。大気，水質については規制地域制が後追い行政を生む原因となったことが教訓とされています。規制対象施設は工場・事業場に限られています。

　第2に，規制の態様としては，行政の事前審査を受けることが少なくありません。事前審査の方法としては，許可制と届出制があります。わが国の公害法の多くは届出制を採用しています。許可制の方が規制の態様として厳しいと一般的には考えられますが，わが国の公害法の多くは，届け出られた施設が排出基準に適合しないと都道府県知事が認めるときは，その計画の変更や廃止を命じることができることになっており（事後変更命令付き届出制），実質的には許可制と大差ないといわれています。

　第3に，排出基準などを守ることについて，事業者が義務づけられることが必要です。「排出基準→遵守の義務づけ→制裁」という構造になっているわけです。

　第4に，排出基準などを遵守させるための直接的な方法としては，行政指導と行政命令があります。行政指導とは，行政が望ましいと考える行動をとるように要請することです。行政命令とは，排出基準などを守ることを法的に義務づけるものです。施設の構造などの改善命令がこれにあたります。

　また，このような直接的方法とは別に，賦課金・税，排出枠取引，補助金などの経済的手法が用いられたり，違反事実の公表などがなされたりすることもあります。

　第5に，排出基準などを遵守しないことに対する制裁としては，まず刑事罰があります。また，（許可制を採用している場合には）重要な制裁として，許可の取消があります。

　第6に，排出基準などの遵守が指示され，また制裁が加えられてもなお義務を負っている者が従わない場合には，行政自体が代わりに，義務を行うか，第三者に行わせる必要が生じます。これを「行政代執行」といいます。行政代執行については一般的に行政代執行法という法律があります。

　第7に，規制が守られているかどうかを把握するためにモニタリングが重要です。これには，事業者自身によるものと，行政によるものがあります。行政によるものとして，事業者に対する監督のため，報告徴収，立入検査の権限が認められています。

　第8に，行政が公害規制のための権限をもっていても，それを適切に行使しない場合，市民はどのような手段によって自らの環境権を確保できるでしょうか。行政の立入検査等の活動について情報公開を請求する

こと，行政事件訴訟法に基づいて義務付け訴訟を提起すること（第14章参照）が考えられます。

（2）廃棄物処理法に基づく廃棄物規制

　廃棄物処理法に基づく廃棄物規制には，公害規制と異なる点がいくつかあります。

　第1に，規制内容としては，「廃棄物」に関しては，産業廃棄物（「事業活動に伴って生じた廃棄物のうち，燃え殻，汚泥，廃油，廃酸，廃アルカリ，廃プラスチック類その他政令で定める廃棄物」および「輸入された廃棄物」）と一般廃棄物（産業廃棄物以外の廃棄物）のそれぞれについて処理基準が定められています。また，廃棄物処理法16条は，「何人も，みだりに廃棄物を捨ててはならない」と定め，「不法投棄」を禁止しています。処理基準に違反する処理をすることを「不適正処理」といいます。

　もっとも，「廃棄物」については，廃棄物処理法2条1項が「ごみ，粗大ごみ，燃え殻，汚泥，ふん尿，廃油，廃酸，廃アルカリ，動物の死体その他の汚物又は不要物であって，固形状又は液状のもの」と定義していますが，なお曖昧な点を残しています。

　第2に，規制の態様としては，廃棄物の処理が適切に行われるため，廃棄物処理施設と廃棄物処理業（収集運搬業と処分業）の双方について許可制をとっています。規制の仕方は産業廃棄物と一般廃棄物で違っています。

　一般廃棄物については，市町村が一般廃棄物処理計画を定め，それに従って収集運搬および処分が行われます。①市町村が自ら処理を行う場合と，②一般廃棄物収集運搬業・処分業の許可を受けた者に委託して処理する場合があります。

　産業廃棄物については，排出事業者が自ら処理するか，または許可を受けた産業廃棄物収集運搬業・処分業者に委託をして処理することとなっています。

　さらに，廃棄物は不要物であるため，不法投棄や（廃棄物処理基準に違反した）不適正処理のおそれがありますが，これは住民の健康被害や生活環境の被害に直結する可能性があります。

　そこで，不法投棄を予防するための対策として，排出事業者に収集運搬業者と処分業者のそれぞれとの契約を義務付けたこと，排出事業者から最終処分業者までの産業廃棄物の流れを把握し最終的に適正な処分がなされたことを確認するための「産業廃棄物管理票」制度を設けたことがあげられます。

　第3に，廃棄物処理基準に適合した適正処理を行わせるため，改善命令と措置命令が行われます。措置命令は，処理基準に適合しない廃棄物の収集・運搬・処分が行われた場合に，生活環境の保全上支障を除去するために行われます。

　第4に，不法投棄や不適正処理に対する制裁としては，刑事罰と許可の取消があります。産業廃棄物処理業者が環境法に違反したとき，同業者の役員が禁固以上の刑に処せられたときなど「欠格要件」に該当する場合に，都道府県知事等は処理業者の許可を取消すことが義務化されている点が注目されます。

　第5に，遵守が指示され，また制裁が加えられてもなお義務を負っている者が従わない場合には，先ほど述べたように「行政代執行」がなされますが，廃棄物処理の分野では廃棄物処理法に，行政代執行を簡便に行うための規定が特に置かれています。

（3）自然保護法制の規制

　自然公園法および自然環境保全法に基づく地域自然環境の保全は，一定地域を指定して，その地域についてはさまざまな行為規制をする方法（ゾーニング）をとっています。自然公園法では，「我が国の風景を代表するに足りる傑出した自然の風景地」が環境大臣の指定によって国立公園となり，そこでは，同法の目的の観点から一定の行為が規制されます。国立公園の中に特別地域，特別地域の中にさらに特別保護地区を設定して，強い保護をしています。特別地域および特別保護地区では，一定の行為が許可制に服することとされています。ほかに，国定公園（「国立公園に準ずる優れた自然の風景地」）についても類似の行為規制がなされます。わが国のこのような公園の方式は「地域制（ゾーニング）公園」とよばれています。

　これらの自然公園では，自然の風景地の保護と利用の増進という異なる目的を達成するため，あらかじめ「公園計画」を立て，計画に従って開発行為を規制するとともに，施設を整備するなどの「公園事業」が行われます。

　鳥獣保護管理法や希少種保存法等に基づく野生生物の保護に関しては，地域指定とその地域での行為規制のほか，一定の種について狩猟・捕獲の規制，飼養・販売の規制を行っています。

　外来生物法に基づく外来種の規制については，未判定外来生物（生態系等に関する被害を及ぼすおそれがあるかまだ判定していない生物）を輸入する者にあらかじめ届け出させ，判定するまでは輸入を禁止し，特定外来生物（生態系等に関する被害を及ぼすおそれがある外来生物）については飼養，栽培，保管または運搬，および輸入を規制するものです。

（4）地球温暖化対策推進法および気候変動適応法に基づく対策

1）地球温暖化対策推進法に基づく温暖化対策では，直接的な規制の仕組みは取り入れられていません。ただ，事業者について，産業，業務，運輸を問わず，事業活動に伴い一定程度以上の温室効果ガスの排出をする場合には，事業者ごとに温室効果ガスの排出量をガス別に算定し，事業所管大臣に報告することを義務付けています。これを「温室効果ガス算定・報告・公表制度」といいます。わが国の温暖化対策の基本は，産業界による自主行動計画（1997年から2012年。2013年以降は低炭素社会実行計画）にあるといっても過言ではありません。

2）わが国は，2015年に，2030年度の温室効果ガス（GHG）削減目標を2013年度比26.0%削減の水準とすることを地球温暖化対策本部で決定し，国連に提出しました。さらに，2019年には，パリ協定に基づく成長戦略としての長期戦略が閣議決定されました。

この長期戦略では，「21世紀後半のできるだけ早期に」脱炭素社会を実現することと，2050年までに80%のGHGを削減することの2つを目標としています。その特徴としては，①曲がりなりにも脱炭素の目標を掲げたこと，（産業革命前に比べて）地球の平均気温を1.5℃までの上昇にとどめる1.5℃目標を考慮していること，②炭素を活用し，貯留する手法としての，CCU（炭素回収利用）/CCS（炭素回収貯留）の実施が打ち出されたこと，③炭素税・排出枠取引などのカーボンプライシングの手法（経済的手法）に関して以前よりは積極的な表現となったこと，④グリーンファイナンスの中身が充実し，産業界と金融界の対話の場の設定などについて記載されたこと，⑤自動車に関するWell-to-Wheel Zero Emission（燃料から走行まで全過程のゼロカーボン化）チャレンジへの貢献，2050年までにカーボンニュートラルでレジリエントで快適な地域とくらしの実現，企業等における2050年以前の脱炭素の実現，CO_2

フリー水素の製造コストの低減，ゼロカーボンスチールなど，主要分野での2050年に向けたビジョンが示されたことなどがあげられます。もっとも，これに対しては，①「21世紀後半のできるだけ早期に」というのは，期限が決まっているとはいえない，②進捗管理に関しては十分でない（6年後のレビューでは弱い），③全体について，コストとの関係についての検討が弱い，④IPCC（気候変動に関する政府間パネル）第5次評価報告書では，2050年にCCSなしの石炭火力発電はゼロにすることが謳われており，石炭火力をゼロにすることを明記すべきであるなどの批判も行われています。

3）気候変動（地球温暖化）により，自然や人間社会に発生するさまざまな被害を防止，調整する必要があります。これを気候変動への適応といいます。2018年には，気候変動の適応に関する計画の策定，情報の提供その他必要な措置を講じるための，気候変動適応法が制定されています。

2. 環境影響評価法の仕組み

（1）環境影響評価とは

環境影響評価（環境アセスメント）制度とは，①開発計画を決定する前に，環境影響を事前に調査・予測し，②代替案（複数案）を検討し，③その選択過程の情報を公表し，公衆の意見表明の機会を与え，④これらの結果を踏まえて行政の最終的な意思決定に反映させるプロセスです。行政の意思決定とは，具体的には許認可等を指します。環境影響評価は，このようなプロセスを経ることにより合理的な意思決定をするためのツールとして位置付けられるのです。

環境影響評価制度は，歴史的には，1969年にアメリカ合衆国で国家環境政策法（National Environmental Policy Act: NEPA）が制定され，連

邦政府のかかわる開発行為等にアセスメントが義務付けられたのが最初
ですが，今日のわが国では，環境基本計画とともに，持続可能な発展の
ための環境管理の手段として注目されています。

　環境影響評価には今日2種類のものがあります。第1は事業アセスメ
ントとよばれる事業段階での環境影響評価（Environmental Impact Assessment：EIA），第2は戦略的環境アセスメント（Strategic Environmental Assessment：SEA）とよばれる，計画，プログラム，政策に関
するアセスメントです。第1の事業アセスについては，わが国では1997
年に環境影響評価法が制定され，1999年に施行されました。第2の戦略
アセスについては，欧米では認められてきましたが，わが国では，環境
影響評価法の2011年改正後も法制化されていません。もっとも，自治体
によっては戦略的環境アセスについて条例・要綱を置いているところも
あります。

（2）環境影響評価法の目的・環境影響評価の実施主体

　わが国の環境影響評価法の下での環境影響評価は，①事業者および②
行政庁が環境に配慮することを目的とする制度となっています。

　アセスの実施主体は事業者です。すなわち，自ら事業を実施する主体
が事業の内容を最もよく理解できるのであり，事業の環境適合性を高め
ることもできるという考え方です。もっとも，この考え方に対しては，
事業者がセルフコントロールを十分にできるかについて疑問の余地もあ
ります。

　一方，環境影響評価の結果を行政，つまり，許認可等に反映させるこ
とは，環境影響評価制度の目的として重要です。すなわち，環境影響評
価は，評価結果の許認可等への反映を目的とする手続ととらえられてい
るのです。

（3）環境影響評価法における環境影響評価の内容と性格

　次に，本法の環境影響評価手続（図13-1）の性格を規定する要素として8つのポイントに着目しましょう。

1）実施時期

　アセスメント実施時期は，事業実施段階です。ただ，次の2点により，従来よりも早い段階から環境配慮が図られる可能性が生じたことは特筆すべきでしょう。

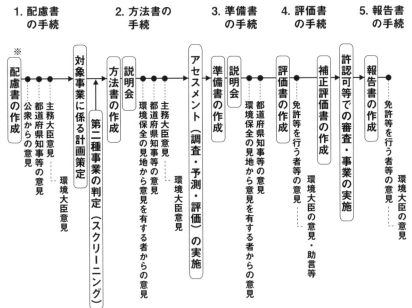

※配慮書の手続については，第二種事業では事業者が任意に実施する。

＜出所＞ 環境省資料

図13-1　環境影響評価法の手続の流れ

　第1に，2011年改正により，事業の早期段階における環境配慮を図るため，第一種事業を実施しようとする者は，事業の位置，規模等を選定するにあたり環境の保全のために配慮すべき事項について検討を行い，計画段階配慮書を作成することが義務化されたことです。

　第2に，改正前から，アセスメントに係る調査を開始する際に，事業に関する情報，調査等の項目や手法に関する情報を公表して外部から意見を聴取する環境影響評価方法書（「方法書」）の手続（「スコーピング手続」といいます）が導入されていたことです。このスコーピング手続により，①論点を絞り込むことができ，②効率的な予測評価や関係者の理解の促進，③作業の手戻りの防止等の効果が見られます。

2）対象事業

　対象事業については，規模が大きく環境に著しい影響を及ぼすおそれがあり，かつ，国が実施するか，または許認可等を行う事業を対象とするという基本的な考え方がとられています。

　対象事業は，①事業の種類，②国との関係，③規模（第1種事業と第2種事業に分かれる。第1種事業は必ずアセスメントが実施されるのに対し，第2種事業についてはスクリーニング（ふるい分け）が行われる）によって決定されます（表13-1参照）。

3）評価項目

　評価項目については，環境基本法14条各号に掲げられた，包括的な環境要素の確保を旨として定められた指針において，対象事業の種類に応じて定められる標準項目を基本としつつ，方法書に対する公衆の意見や都道府県知事の意見を勘案・配意して，事業者が個別の事業に応じて評価項目を選定することとされました。

4）評価の視点

　評価の視点としては，合理的な意思決定につなげるため，複数案（代

表13-1　環境影響評価法の対象事業

	第一種事業	第二種事業
1　道路		
高速自動車国道	すべて	
首都高速道路等	4車線以上のもの	
一般国道	4車線以上・10km 以上	4車線以上・7.5km 以上 10km 未満
大規模林道	幅員 6.5m 以上・20km 以上	幅員 6.5m 以上・15km 以上 20km 未満
2　河川		
ダム	湛水面積 100ha	75ha 以上 100ha 未満
堰	湛水面積 100ha	75ha 以上 100ha 未満
湖沼水位調節施設	改変面積 100ha	75ha 以上 100ha 未満
放水路	改変面積 100ha	75ha 以上 100ha 未満
3　鉄道		
新幹線鉄道（規格新線含む）	すべて	
普通鉄道	10km 以上	7.5km 以上 10km 未満
軌道（普通鉄道相当）	10km 以上	7.5km 以上 10km 未満
4　飛行場	滑走路長 2500m 以上	1875m 以上 2500m 未満
5　発電所		
水力発電所	出力3万 kw 以上	2.25万 kw 以上3万 kw 未満
火力発電所（地熱以外）	出力15万 kw 以上	11.25万 kw 以上15万 kw 未満
火力発電所（地熱）	出力1万 kw 以上	7500kw 以上1万 kw 未満
原子力発電所	すべて	
太陽電池発電所	出力4万 kw 以上	3万 kw 以上4万 kw 未満
風力発電所	出力1万 kw 以上	7500kw 以上1万 kw 未満
6　廃棄物最終処分場	30ha 以上	25ha 以上 30ha 未満
7　公有水面の埋立て及び干拓	50ha 超	40ha 以上 50ha 以下
8　土地区画整理事業	100ha 以上	75ha 以上 100ha 未満
9　新住宅市街地開発事業	100ha 以上	75ha 以上 100ha 未満
10　工業団地造成事業	100ha 以上	75ha 以上 100ha 未満
11　新都市基盤整備事業	100ha 以上	75ha 以上 100ha 未満
12　流通業務団地造成事業	100ha 以上	75ha 以上 100ha 未満
13　宅地造成事業（「宅地」には，住宅地，工場用地が含まれる。）		
都市再生機構	100ha 以上	75ha 以上 100ha 未満
中小企業基盤整備機構	100ha 以上	75ha 以上 100ha 未満
○港湾計画	埋立て・掘込み面積 300ha 以上	

<出所> 環境省資料

替案）の検討をすることが肝要です。これはアメリカの NEPA で「環境影響評価書の核心」といわれるほど重要視されてきましたが，97年制定のわが国の環境影響評価法では，準備書と評価書に複数案を記載することが，不明確ながらもわずかに定められていたにすぎませんでした。これに対し，本法の2011年改正等により，計画段階配慮書において事実上は原則として複数案の検討をすることとされた点が注目されます。

5）公衆参加

　公衆の意見提出の機会は，①計画段階配慮書の案または同配慮書に対して，②方法書に対してと，③準備書に対しての３回が認められています。なお，計画段階配慮書手続においては，事業者が公衆の意見を聴くことは努力義務にすぎません。

　意見の提出者の範囲についての地域的限定はありません。これは，環境影響評価における公衆参加を情報提供参加と見る立場を根拠としています。

6）許認可等権者の意見および第三者機関の関与

　許認可等権者は評価書が確定する前に事業者に対し，環境保全の見地からの意見を述べることができ，これを踏まえて，事業者は評価書の記載事項に検討を加え，必要に応じて評価書に補正を加えます。これにより，許認可等権者は，事業者によるセルフコントロールに基づく環境配慮がより高いレベルのものとなるよう一定の関与をすることができます。

　さらに，環境大臣は，環境影響評価の審査プロセスにおける信頼を確保する観点から，第三者機関として，必要に応じて自らの意思で評価書について環境保全の見地から意見を述べることができることになりました。許認可等権者は環境大臣の意見を勘案して意見を述べるため，事業者は，環境大臣の意見も踏まえて，必要に応じて評価書に補正を加える

こととなります。

7）許認可等への反映

　許認可等権者は，許認可等に係る法律の規定にかかわらず，評価書および評価書に対して法24条に基づいて述べた意見に基づき，対象事業が環境の保全について適正な配慮がなされるものであるかどうかを審査し，その結果を許認可等に反映することとなりました。許認可等権者は，環境の保全についての審査の結果と許認可等の基準に関する審査（基準が示されていないときは，対象事業の実施による利益に関する審査）の結果を合わせて判断し，許認可等を拒否したり，条件を付けたりすることができます。事業の内容に関する決定を行う既存の仕組みに対して，横断的に環境影響評価の結果を反映させることを求める内容となっていることから，これを「横断条項」といいます。横断条項により，許認可等に係る個別法の審査基準に環境の保全の視点が含められていない場合であっても，アセスメントの結果に応じて，許認可等を与えないことや条件を付することができます。

8）事後調査手続

　事業着手後の調査のことを「事後調査」といいます。事業者は，一定の場合に事後調査を行う必要性を検討するとともに，事後調査の結果，環境影響が著しいことが明らかになった場合に環境保全措置をとることを準備書，評価書に記載しておき，それにより，必要に応じ，事後調査等を行うことになりました。このような「事後調査」には，評価書の内容について事後的に検証を図ることができること，予測しえない要因による環境影響の回避や周辺住民とのトラブルの防止が可能となること，予測手法等の改善につながること，環境影響緩和措置の実施状況や効果の確認が可能となることなどの利点があるとされています。

　しかし，本法の制定後も，行政や住民等が事業者による環境保全措置

や事後調査の実施状況を把握することは困難でした。また，本法に事後調査の規定はありましたが，実際に事後調査を行うのは，許認可等の後ですから，許認可等権者は準備書および評価書の記述が指針に適合していることしか確認できず，実効性に乏しいという問題がありました。

　そこで，2011年改正により，事後調査，環境保全措置について，事業者に，報告書の作成，許認可等権者に対する報告の義務付け，公表の義務付けをしました。これにより，許認可等権者が事業者に対して適切な指導を行うことが期待されます。

（4）環境影響評価法のアセスの性格

　環境影響評価の目的・趣旨については，①（社会における）合理的意思決定のツールと見る考え方がとられるべきですが，②（事業実施を前提とした）環境影響の調査であるととらえる考え方も存在します。①は，欧米の環境影響評価についての考え方であり，代替案（複数案）が重要となります。これに対し，②は，環境基準のような環境保全目標の達成が目的になります。わが国の環境影響評価法は①の考え方を採用していましたが，複数案の検討があまり重視されていなかったところ，2011年に改正された際の計画段階配慮書手続の導入により複数案の検討が重視されたため，①の方向性がより明確になったといえます。

参考文献

阿部泰隆・淡路剛久編（2011），『環境法（第4版）』有斐閣.
大塚直（2010），『環境法（第3版）』有斐閣，同（2020），『環境法（第4版）』有斐

閣.

大塚直（2016），『環境法 BASIC（第 2 版)』有斐閣.

大塚直編（2020），『18歳からはじめる環境法（第 2 版)』法律文化社.

交告尚史ほか（2020），『環境法入門（第 4 版)』有斐閣.

畠山武道（2013），『考えながら学ぶ環境法』三省堂.

畠山武道・大塚直・北村喜宣（2007），『環境法入門（第 3 版)』日本経済新聞出版
　社.

練習問題

【問題 1】

　不法投棄の削減のため，どのような法規制がなされてきたでしょう
か。それらは成功したといえるでしょうか。

【問題 2】

　戦略的環境アセスメントとはなんでしょうか。それは現在わが国で行
われている環境影響評価と違うどのような意義があるでしょうか。

解答例

【問題 1】

　廃棄物の不法投棄の量は1990年代後半は毎年40万トン程度で推移して
おり，そのほとんどは産業廃棄物でした。1990年代以降，産業廃棄物に
関しては，不法投棄等不適正処理の頻発，処分場の建設困難といった問

題が生じ，環境行政はその対応に追われましたが，その根底には，①排出事業者が適正な処理コストを負担するインセンティブがないため，②「安かろう悪かろう」という処理がなされ，優良処理業者が市場の中で優位に立てなくなり（悪貨が良貨を駆逐する状態），そのために，③不法投棄等の不適正処理が頻発し，それが産業廃棄物に対する国民の不信感の増大につながり，④処分場の建設困難，処分場の逼迫，⑤さらなる不法投棄の増大という「悪循環」に陥るという構造的な問題がありました。

　そこでこのような構造を断ち切って，①排出事業者が適正な処理コストを負担し（排出事業者による原因者負担の徹底），最終処分のところまで処理に責任をもつとともに，②排出事業者が優良事業者を選択し，市場において悪質業者を排除することによって，③適正な処理を確保し，産業廃棄物に対する国民の信頼の下に④健全な循環型社会を構築することが目指されたのです。そのために，1990年代以降の廃棄物処理法の改正では，主に次の３つの改正が行われました。第１は，排出事業者責任の強化です。これは，措置命令の拡充，産業廃棄物管理票制度の強化などに表れています。排出事業者の現地調査努力義務規定導入もこの一環です。第２は，不適正処理対策です。これは，処理業者・処理施設の許可要件の強化，罰則の強化などに表れています。第３は，適正な処理施設の確保です。これは，廃棄物処理施設設置手続の強化・透明化，廃棄物処理センターなどの公共関与による補完などに表れています。

　これらの改革は「産業廃棄物処理の構造改革」とよばれています。不法投棄の量が2017年度は3.6万トンに減少していることからすると，──景気の動向との関係等を考慮する必要はありますが──，その目的はある程度達せられたとみることができるでしょう。

【問題2】

　戦略的環境アセスメント（Strategic Environmental Assessment：SEA）とは，計画，プログラム，政策に関するアセスメントであり，EU，アメリカ，カナダなどで行われています。事業アセスメントは事業者によって実施されることが多いですが，戦略的環境アセスメントは行政庁によって行われます。わが国では，環境影響評価法の2011年改正後も事業アセスメントしか定めがなく，戦略的環境アセスメントは法制化されていません。もっとも，自治体によっては戦略的環境アセスメントを条例・要綱化しているところもあります（東京都，埼玉県，京都市，広島市）。

　戦略的環境アセスメントは，事業アセスメントを補完する機能をもち，持続可能な発展の理念の実現に資するものと考えられています。戦略的環境アセスメントの利点としては，①意思決定に当たって環境面と持続可能性面の考慮をより良く組み入れることができ，また，事業段階の環境影響評価よりも予防原則に取り組むことができる可能性を広げることができる，②意思決定の最終段階よりもより広い範囲の代替案や影響緩和対策を考慮できる，③累積的な影響，間接的影響，長期にわたる影響等について，事業アセスよりもより良く考慮する可能性を提供する，④早い段階からの公衆参加の枠組みを提供することにより，決定の透明性を増加させ，無駄のないアセスメントのアプローチを採用することができる，⑤他の政策・計画・プログラムや事業レベルの環境影響評価のいくつかを不必要にする可能性がある等があげられています。

14 | 環境訴訟

大塚 直

《**この章のねらい**》本章では，環境訴訟について扱います。

ここでは民事訴訟と行政訴訟を取り上げます。それぞれについて環境問題にどう対処しているでしょうか。

また，公害民事紛争について訴訟による救済の困難性に対処するために，公害紛争処理制度が設けられています。これについても少し取り上げることにしましょう。

今回はこれらの点について考えてみましょう。

《**キーワード**》 民事訴訟，行政訴訟，公害紛争処理，過失，因果関係

---

1. はじめに

環境問題は人為的活動によってもたらされることが多く，それが法的な紛争となる場合が少なくありません。それには民事訴訟による場合と，違法な行政行為に対する行政訴訟による場合があります。

2. 民事訴訟

わが国では，環境問題に対する法的対応は，悲惨な人身被害事件の加害者に対する民事訴訟から始まりました。その後，日照妨害，眺望侵害のような人身被害にはつながりにくい法益に対する侵害が争われ，さらに最近では景観利益侵害のように，従来は公益として扱われてきたものに対する事件も見られるようになっています。

　環境民事訴訟については，主に不法行為に基づく損害賠償請求と差止請求がありますが，それぞれについて，民法は，加害者が一定の要件を満たす場合に限り，責任を負うものとしています。そしてその要件については，原告被害者の側で証明しなければなりませんが，特に公害訴訟でこれを証明することは困難な場合が少なくありません。そこで，公害の特殊性から従来の理論を修正すべき場合が多く，この点が判例，学説上重要な論点とされてきました。

（1）公害賠償訴訟

　不法行為に基づいて損害賠償を請求するには，加害者が故意または過失によって他人の権利又は法律上保護される利益を侵害し，それによって損害を発生させたことが必要です（民法709条）。

1）故意・過失

　公害賠償の責任が課されるためには，公害発生原因者に故意・過失のいずれかがあることが必要ですが，故意の有無が問題となる場合はほとんどありません。この場合の過失とは，一定の状況における行為義務の違反と解するのが一般的ですが，その中心は，①予見可能性ないし予見義務違反にあるとするか（予見可能性説），②結果回避可能性ないし結果回避義務違反にあるとするか（回避可能性説）が争われてきました。②が判例の立場です。この考え方の対立は，かつて大阪アルカリ事件判決（大判大正5年12月22日民録22輯2474頁）が，②の立場に立ちつつ，加害者が結果を回避するためのコストを重視し，事業の性質に従い相当の設備を施した以上は，民法709条にいう故意・過失があるとはいえないとしたことに由来しています。しかし，この判決は，産業保護に偏するものとして当時から学説による強い批判を受けました。その後の裁判例においては，相当な防止措置をしたことを理由に過失がないと判断し

たものは皆無であり，これは，②の立場においても，結果回避可能性についての判断基準を厳しくしていけば，過失の成立は比較的容易に認められることを示しています。そして，四大公害訴訟に関する下級審判決は，公害により，生命・身体に危害の及ぶおそれのある場合には，回避コストはまったく考慮されるべきでなく，万一その安全性に疑惑が生じた場合には，企業の操業停止義務が認められるとしており（熊本水俣病第１次訴訟判決＝熊本地判昭和48年３月20日判時696号15頁），「過失の衣を着た無過失責任」が課せられたものと評されています。

　このように判例上，「過失」は相当認められやすくなってはいますが，科学技術は日進月歩であり，後になって行為時の過失を証明することの困難がなくなったわけではありません。一方，類型的に危険を内包している事業は，その危険性に応じた結果回避義務を負っているとも考えられるところから，特別法において無過失責任が課せられています（鉱業法109条，大気汚染防止法25条，水質汚濁防止法19条，原子力損害賠償法３条，船舶油濁損害賠償保障法３条など）。

２）権利・法益侵害，違法性

　不法行為が成立するためには，故意・過失のほかに，「権利侵害又は法律上保護される利益に対する侵害」が立証されなければなりません（民法709条）。また，民法709条には「違法性」という語はありませんが，判例はこれを不法行為の要件としており，学説上も「違法性」要件の内容である客観的な行為の評価の部分は「過失」要件に吸収しきれないとする見解が有力に主張されています。ここでは，違法性要件を必要とする見解に立って説明します。「権利・利益侵害」と「違法性」はどのような関係に立つかについても議論が分かれています。かつては，「権利・法益侵害」要件を「違法性」と読み替える立場が有力でしたが，最高裁は，「権利・法益侵害」を「違法性」要件と独立して判断し

ており，これは特に従来は認められなかった新たな法益侵害が問題とされる場合には有用であると考えられます。

　判例は，公害に関しては，下級審判決を中心に，加害者・被害者の種々の事情（①被害の程度，②加害行為の公共性，③加害行為の規制基準違反の有無，④損害防除施設の設置状況，⑤加害者と被害者の先住後住関係）や周辺の事情（地域性）などを総合的に勘案して，個々の事案における被害の受忍限度を判定し，加害行為の違法性の有無を判断する立場（受忍限度論）を採用しています。

　2006年に，最高裁は，景観利益について新しい判断を示しました。景観利益は，公害や生活妨害ではなく，一種の環境利益と考えられてきたものですので，従来判例で用いられてきた受忍限度論をそのまま採用するわけにはいきません。そもそも景観利益が民法709条の「権利・利益」に当たるかをまず吟味しなければなりません。国立景観訴訟最高裁判決（最判平成18年３月30日民集60巻３号948頁）は，①良好な景観に②近接する地域内に居住し，③その恵沢を日常的に享受している者は，良好な景観がもつ客観的な価値の侵害に対して密接な利害関係をもつというべきであり，これらの者がもつ良好な景観の恵沢を享受する利益（景観利益）は，法律上保護に値するとしました。ただ，「違法性」の判断については，「景観利益の保護とこれに伴う財産権等の規制は，第一次的には，民主的手続により定められた行政法規や当該地域の条例等によってなされることが予定されている」ことからすれば，「ある行為が景観利益に対する違法な侵害に当たるといえるためには，少なくとも，その侵害行為が刑罰法規や行政法規の規制に違反するものであったり，公序良俗違反や権利の濫用に該当するものであるなど，侵害行為の態様や程度の面において社会的に容認された行為としての相当性を欠くことが求められる」とし，地上14階建てのマンション（最高で43m余）の建

築は，社会的に容認された行為としての相当性を欠くものとは認めがたく，景観利益を違法に侵害する行為に当たるとはいえないとしました。

3）因果関係

公害賠償訴訟の最も重要な争点は，加害行為と損害の発生との間の因果関係の立証です。通説によれば，不法行為における因果関係の証明責任は，被害者にあります。しかし，公害被害者においては，発生源と汚染経路の確定が困難ですし，発生源からの汚染と損害発生との間の関連性の確定が難しい場合が少なくありません。一方，企業は，この点についての資料を十分に（独占的に）有しているのが通常です。そこで，被害者原告が，因果関係の存在を示す事実のいくつかを証明し，それらの事実から経験則上因果関係の存在が推定できる場合に，加害者が因果関係の不存在またはその疑わしさを引き出す証明をしない限り，因果関係を肯定すべきであるという考え方が主張され，裁判例においても，このような考え方に基づいて因果関係を認めるものが現れました。特に新潟水俣病第１次訴訟判決（新潟地判昭和46年９月29日下民集22巻９＝10号別冊１頁）が注目されます。

さらに，公害賠償における被害者の証明の負担を緩和するため，裁判例上,「疫学的因果関係」が用いられてきました。これは，裁判所が用いる経験則の一つです。被害発生の原因について疫学の手法によって証明できた場合に，原因と被害の因果関係も存在するとの口吻を示すものも見られましたが（イタイイタイ病訴訟控訴審判決＝名古屋高金沢支判昭和47年８月９日判時674号25頁，千葉川鉄訴訟判決＝千葉地判昭和63年11月17日判時臨増［平成元年８月５日］165頁），最近は，疫学的因果関係の証明のみでなく，他の事実を考慮した上で，因果関係を推定し，さらに原告の個別的レベルで他原因（例えば原告の喫煙歴など）を検討するものが多くなっています（西淀川公害第１次訴訟判決＝大阪地判平

成3年3月29日判時1383号22頁など)。

4)複合汚染と共同不法行為

　公害は単一の企業によるものもありますが，多くの場合は，むしろ，複数の企業の事業活動によって引き起こされます。民法は，数人が共同の不法行為によって他人に損害を加えた場合には，各自が連帯して，生じた損害について賠償責任を負うとしています（民法719条1項前段）。また，共同行為者のうちの誰が損害を加えたかわからない場合（同条1項後段）も同様であるとされています。この点に関し，従来は，民法709条の下では分割責任が原則であるのに対し，719条の下では，共同行為者に連帯責任を課することにより，共同不法行為の場合には特に被害者の保護が図られていると考えられてきました。しかし，最近では，709条によって責任を負う複数の者もまた，連帯債務を負うのであり，効果の点では709条と719条に違いはなく，むしろ，要件の点に相違を求めるべきであるとする立場が有力になっています。

　かつての判例および伝統的多数説は，719条1項前段の不法行為が成立するためには，第一に，共同行為者各人の行為が独立して不法行為の要件を満たすものでなければならないとし，因果関係の要件についても各人の行為と損害の発生の間に存在すること（個別的因果関係）が必要であると解してきました（山王川事件判決＝最判昭和43年4月23日民集22巻4号964頁）。

　また，第二に，各行為が719条1項前段の「共同の不法行為」となるためには，各自の行為が関連共同していること（「関連共同性」とよばれる）が必要ですが，この関連共同性は，共謀などの主観的共同がなくても，客観的共同さえあれば足りるとされてきました。

　しかし，第一点については，四日市公害訴訟判決（津地四日市支判昭和47年7月24日判時672号30頁）を契機として，各人の行為が独立に不

法行為の要件を満たす場合には，709条によって当然不法行為責任を負うはずであり，719条に独自の意義をもたせるためには，各人の行為に関連共同性があり，その関連共同性のある「共同行為」と損害の発生との間に因果関係があれば，共同不法行為が成立するという考えが有力に主張され，裁判例にも取り入れられています（前掲西淀川公害第1次訴訟判決）。

また第二点に関しては，最近では，719条1項前段の共同不法行為は，成立すると，自己の行為と因果関係のない全損害について責任を負うことになるのであるから，そのためには，むしろ，何らかの主観的共同が必要であるとするか，客観的共同を認める場合にも加害者間の強い共同関係が必要であるとする学説が有力に唱えられています。もっとも，この点について判例の立場は変わっていません。

（2）公害・環境差止訴訟

不法行為に基づく損害賠償は，被った損害を金銭で填補することを原則とします。しかし，公害の場合には，健康に対する被害や環境汚染を事前に差止めることが特に必要です。差止の内容としては，防除施設の設置や操業の停止（短縮）などがあります。

差止請求の法的根拠については民法の明文がなく，①所有権などの物権的請求権，②人格権，③不法行為に基づく請求権などが考えられます。いずれによるべきかについては争いがありますが，裁判例の多くは②を採用してきました。

また，多くの裁判例および従来の通説は，どの法律構成をとるかとは別に，差止の要件については，加害者・被害者の種々の事情を考慮して加害行為の違法性の有無を判断する「受忍限度論」をここでも採用しています。そして，差止は事業活動にとって大きな打撃になるのみではな

く，社会的に有用な活動を停止させるおそれがあることから，多数説は，差止の場合には，金銭賠償よりも高い違法性が要求されるとしてきました（違法性段階説）。もっとも，最高裁は，国道43号線上告審判決（最判平成7年7月7日民集49巻7号2599頁）において，特に違法性段階説には言及せず，差止と損害賠償とでは，違法性の判断において各要素をどの程度のものとして考慮するかには相違があるとしています。受忍限度論のもとで，差止の場合に特に重要なファクターとされるのは，その事業活動の社会的有用性（公共性）です。もっとも，人の健康被害が生ずる蓋然性の高い場合には，その活動の社会的有用性が高度なものであっても，差止が認められるべきことは，今日，裁判例，学説のいずれにおいても承認されているといえます（名古屋南部訴訟判決＝名古屋地判平成12年11月27日判例時報1746号3頁）。

このような受忍限度論に対し，「環境を破壊から守るために，環境を支配し，良い環境を享受しうる権利」である環境権の存在を主張する論者は，個人に具体的被害が生じていなくても，「良い環境」が侵害され，またはされる危険があれば，原則として差止請求が認められるべきであるとします。このような環境権説は，立法，行政に大きな影響を与えましたが，この説の核心的部分を認めた裁判例はありません。それは，環境権説が，原則の個別的利益とは解し難い環境利益を私権としてとらえる点に起因しています。もっとも，上述したように，最高裁が景観利益に関して，良好な景観について，近接する地域内に居住し，その恵沢を日常的に享受している者に，景観利益の享受の法的利益を認めたことは，環境権自体を認めたことにはなりませんが，一種の環境利益の個別利益性を認めたものとして注目されます。

なお，民事訴訟による空港騒音の差止請求に関し，最高裁は，このような請求は不可避的に運輸大臣の「航空行政権の行使の取消変更ないし

その発動を求める請求を包含するもの」であるとし，原告が行政訴訟によることができるか否かはともかく，民事訴訟としては不適法であるとしましたが（大阪国際空港公害訴訟判決＝最判昭和56年12月16日民集35巻10号1369頁），これに対しては，学説上，強い批判が加えられました。なお，その後，自衛隊機の騒音の差止の請求に関し，その運航に関する防衛庁長官の権限の行使は周辺住民との関係で「公権力の行使」に当たるとし，このような請求は必然的に防衛庁長官に委ねられた右権限の行使の取消変更等を求める請求を包含するとして同様の結論を示す判例が現れました（厚木基地第１次訴訟判決＝最判平成５年２月25日民集47巻２号643頁）。

3.　行政訴訟

　環境行政上の作用に対して，被害者たる住民が環境上の利益を主張して提起する訴訟には，取消訴訟（行政事件訴訟法［以下，「行訴法」］３条２項），義務付け訴訟（同法３条７項），差止訴訟（同法３条８項。民事訴訟における差止とは異なる，行政訴訟における差止）のような抗告訴訟（行政庁の公権力の嚆矢に関する不服の訴訟。同法３条１項），住民訴訟（地方自治法242条の２）などの行政訴訟，国家賠償請求訴訟（国家賠償法１条，２条）があります。

（１）取消訴訟

　抗告訴訟のうち，最も多く用いられてきたのは，取消訴訟（「行政庁の処分その他公権力の行使に当たる行為の取消を求める訴訟」［行訴法３条２項］）です。例えば，廃棄物処理施設の建設に当たって施設設置の許可処分の違法を主張して許可の取消を求める訴えがこれに当たります。一般に，裁判所は，その訴えが適法であるか否か（訴訟要件を満た

すか否か）についての審理（要件審理）をした上で，その請求の当否についての審理（本案審理）を行います。訴訟要件を満たすことが原告にとってまず問題となります。

1）訴訟要件

（ア）第1に，訴え提起の資格（原告適格）に関しては，「法律上の利益」（行政事件訴訟法9条）が必要とされますが，判例および従来の通説は，これは「法律によって保護された利益」を指すものと解してきました（「法律によって保護された利益説」）。この立場によると，法律の趣旨の解釈により，許可制等によって生ずる住民の利益が「法律上の利益」に当たるのかが判断されることになります。これに対しては，学説上，むしろ原告の主張する生活環境上の利益が裁判で保護されるに値するだけの実質的内容を備えているかによって判断されるべきであるとする立場も説かれています（「法律の保護に値する利益説」）。

2004年の行訴法改正により9条2項が新設されました。すなわち，原告適格の判断に当たっては，その処分等の根拠となる法令の規定の文言のみによることなく，①その法令の趣旨・目的および②その処分において考慮されるべき利益の内容・性質を考慮すること，③①の考慮に当たっては，その法令と目的を共通にする「関連法令」があるときはその趣旨・目的をも参酌するものとし，④②の考慮に当たっては，その処分等がその根拠となる法令に違反してされた場合に害されることとなる利益の内容・性質およびこれが害される態様・程度を勘案することとされました。

2つの事例をあげておきます。

1つは，線路の連続立体交差化を内容とする鉄道事業等が違法であるとして周辺住民等がその事業認可の取消を求めた事件です。小田急訴訟大法廷判決（最高裁大法廷平成17年12月7日判決民集59巻10号2645頁）

は，上記の「関連法令」としては，都市計画法13条1項において都市計画決定は公害防止計画に適合してなされなければならないこと，東京都には環境影響評価条例が存在したこと，都市計画法66条が施工者に付近住民の意見を聴取等し，その協力確保に努めるよう求めていることなどから，都市計画事業の認可に関する都市計画法の規定は，事業に伴う騒音，振動等によって，事業地の周辺地域に居住する住民に健康または生活環境の被害が発生することを防止することもその趣旨および目的とするものとしました。そして，事業の実施により著しい被害を直接受けるおそれのある者は，取消訴訟における「法律上の利益」をもつ者として原告適格が認められるとしたのです。この判決は，9条2項を新設した行政事件訴訟法改正を踏まえた判断をしたものといえます。

　もう1つは，廃棄物処理施設の周辺住民が健康または生活環境被害を受ける事案です。この場合の周辺住民には，原告適格は認められるでしょうか。廃棄物処理法の目的に生活環境の保全と公衆衛生の向上があげられており（同法1条），許可の基準にも同施設が生活環境の保全等について適正な配慮がなされていることを要求していること（同法8条の2）から，周辺住民に原告適格が認められるとする裁判例が多くなっています。最高裁は，産業廃棄物処理施設の不許可処分の業者からの取消訴訟について，「当該施設から有害な物質が排出された場合に直接的かつ重大な被害を受けることが想定される範囲の」周辺住民が，被告（県知事）への補助参加をする利益を有することを認めました（最高裁平成15年1月24日決定裁判所時報1332号3頁）。また，産業廃棄物処分業等の許可処分の取消訴訟等において，産業廃棄物処分業の許可に関する廃棄物処理法の規定の趣旨および目的，これらの規定が産廃処理業の許可の制度を通して保護しようとしている利益の内容および性質等を考慮すれば，同法は産廃の最終処分場からの有害な物質の排出によって生じる

公害によって健康または生活環境についての著しい被害を直接に受けるおそれのある個々の住民に対して，そのような被害を受けないという利益を個別的利益としても保護しているとし，このような周辺住民について許可処分の取消等を求める法律上の利益を有するとしました（最高裁平成26年7月29日判決民集68巻6号620頁）。

　（イ）第2に，取消訴訟を提起するには，取消の対象となる「行政庁の処分」の存在（「処分性」）が必要ですが（行訴3条2項），これは，「公権力の行使としてなされる国民に対して直接の法的効果を生ずる行為」でなければならないと解されてきました。典型的には，行政庁が民間事業者に対してする施設等の許認可，改善命令，措置命令などは処分性が認められます。

　判例は，環境基準改定の告示（東京高裁昭和62年12月24日判決行集32巻9号1581頁）については，処分性を否定しています。このように，処分性を限定的に解する立場に対し，環境はいったん破壊されると取り返しがつかないことから，処分概念を弾力的に拡大すべきであるとの有力説が主張されてきました。判例も，最近では，実効的な権利救済を図るという観点から，区画整理の事業計画（最高裁平成20年9月10日判決民集62巻8号2029頁），通知（最高裁平成24年2月3日判決民集66巻2号148頁）などについて処分性を認めるものが現れています。

　（ウ）第3に，処分が取り消されても現実に法律上の利益の回復が得られない場合には，訴えの利益は認められず，訴えは却下されます。

　（エ）第4に，取消訴訟は処分があったことを知った日から6カ月以内，処分があった日から1年以内に提起しなければなりません（行訴法14条）。

2）本案審理

　取消訴訟等について訴訟要件が満たされると，本案審理に入ります。

ここでは，行政庁のした処分が法令の要件を満たしていなかったか否か（違法であったか否か）が判断されます。もっとも，処分の違法性についての判断を一義的にできない場合も多く，その場合，処分をするか否かの判断は行政庁の裁量に委ねられ，裁量権の濫用に当たらない限り，違法とはされません（行訴法30条）。

　最高裁は，都市計画事業認可の前提となる都市計画変更決定の違法性が争われた事例において，都市計画決定の裁量性を認めた上で，行政決定の「基礎とされた重要な事実に誤認があること等により重要な事実の基礎を欠くこととなる場合，又は，事実に対する評価が明らかに合理性を欠くこと，判断の過程において考慮すべき事情を考慮しないこと等によりその内容が社会通念に照らし著しく妥当を欠くものと認められる場合に限り，裁量権の範囲を逸脱し又はこれを濫用したものとして違法となる」としました（小田急訴訟本案判決〔最高裁平成18年11月2日判決民集60巻9号3249頁〕）。複雑な法的利害の調整が必要とされる行政決定に関する紛争において，行政審査をより精密に行おうとするものといえます。

（2）義務付け訴訟，差止訴訟
1）訴訟要件

　訴訟要件としては，義務付け訴訟（非申請型と申請型に分かれますが，ここでは非申請型について扱います）では，取消訴訟と同様に原告適格が必要ですが，さらに，一定の処分，重大な損害を生ずるおそれ，「損害を避けるために他に適当な方法がないこと」（補充性）が必要となります（37条の2第1-4項）。差止訴訟でも，原告適格のほか，一定の処分又は裁決，重大な損害等，補充性が必要となります（37条の4第1-4項）。

2）本案審理

　義務付け訴訟において本案で勝訴するためには，義務付けの訴えに係る処分について，行政庁がその処分をすべきであることがその処分の根拠となる法令の規定から明らかであると認められ，又は行政庁がその処分をしないことがその裁量権の範囲を超え若しくはその濫用となると認められる場合であることが必要です（37条の2第5項）。差止訴訟においても基本的に同趣旨の規定が置かれています（37条の4第5項）。

　差止訴訟に関して，最近，最高裁判決が出されました。前述した厚木基地事件の周辺住民が，国に対して，抗告訴訟（差止訴訟及び無名抗告訴訟）としての自衛隊機の運航差止等を求めた事件に関し，判断したものです（最高裁平成28年12月8日判決民集70巻8号1833頁）。最高裁は，まず，本件訴訟を法定の差止訴訟とし，行政差止訴訟の訴訟要件（行訴法37条の4第1項）を認めた上で，本案審理においては，高度の政策的・専門技術的な判断に伴う防衛大臣の広範な裁量を認めつつ，具体的事実関係において裁量権の逸脱濫用に当たるかを判断するとし，その際，防衛大臣の権限行使が社会通念に照らし著しく妥当性を欠くと認められるか否かという観点から審査を行うとしました。そして，「自衛隊機の運航には高度の公共性，公益性があるものと認められ，他方で……第1審原告らに生ずる被害は軽視することができないものの，周辺住民に生ずる被害を軽減するため，自衛隊機の運航に係る自主規制や周辺対策事業の実施など相応の対策措置が講じられているのであって，これらの事情を総合考慮すれば，本件飛行場において，将来にわたり上記の自衛隊機の運航が行われることが，社会通念に照らし著しく妥当性を欠くものと認めるのは困難である」とし，原判決を破棄し，原告の請求を棄却しました。総合考慮において，最高裁は，被害と公共性の優劣について言及することなく，公共性を重視した判断をしたといえます。

　本判決が行政庁のした被害対策措置（及びその費用）を重視したことについては，効果が十分上がっていないのに，なぜ重視されるのか判然としないとの批判もあります。原告としては，前述のように民事差止訴訟で不適法として却下され，行政訴訟でこのような結果となったわけですが，民事差止訴訟と（法定差止としての）行政差止訴訟の相違が，行政裁量に関する判断枠組みを用いるか否かであることが改めて明らかになったといえるでしょう。

（3）その他の行政訴訟

　住民訴訟は，地方公共団体の機関による財務会計上の行為の違法を住民が追及し，その是正を求めるものです（行訴法5条）。環境行政上の違法な措置に基づいて地方公共団体が出費をした場合などに提訴され，間接的に行政庁の環境行政への取組の違法について裁判所に判断を求めることになります。これを認めたものとして，田子の浦ヘドロ訴訟最高裁判決（最判昭和57年7月13日民集36巻6号970頁）があります。ただ，住民訴訟は財産管理のあり方を争うものであって地方公共団体の施策を争うものではないという制約があります。

　国家賠償請求訴訟は，形式上は民事訴訟ですが，環境行政上の措置の違法を問うものとして重要です。最近では，行政の規制権限の不行使の違法を追及し，国家賠償を求める例が増加しています。

4. 公害紛争処理制度

　公害紛争は，被害が広範囲に及ぶこと，被害の認定が難しいこと，加害者の特定が難しいこと，加害行為と被害との因果関係の証明が難しいことなどの特質をもっていますが，訴訟だけではこれに対処するには必ずしも十分とはいえません。

　そこで，公害に関する民事紛争に対する裁判外の紛争処理機関とし
て，公害紛争処理機関が設けられています。国には公害等調整委員会が
設置されています。都道府県には都道府県公害審査会を設置することが
できます。

　公害紛争処理の手続としては，あっせん，調停，仲裁のほか，公害等
調整委員会のうちの委員からなる裁定委員会が加害者に対して損害賠償
請求金の支払いを命ずる裁定があります。裁定には，加害者の責任につ
いて出される責任裁定と，因果関係の存否について出される原因裁定が
あります。

参考文献

阿部泰隆・淡路剛久編（2011），『環境法（第4版）』有斐閣.

大塚直（2010），『環境法（第3版）』有斐閣.

大塚直（2016），『環境法 BASIC（第2版）』有斐閣.

大塚直編（2020），『18歳からはじめる環境法（第2版）』法律文化社.

交告尚史ほか（2020），『環境法入門（第4版）』有斐閣.

練習問題

【問題１】

　施設の設置・稼働の民事訴訟での差止はどのような場合に認められるでしょうか。

【問題２】

　国立景観訴訟最高裁判決にはどのような意義があるでしょうか，そこでの考え方は環境権論とどう違っているでしょうか。

解答例

【問題１】

　公害民事訴訟の差止の要件としては，裁判例上，（ａ）権利侵害（ないし法益侵害），（ｂ）違法性（ないし違法性阻却事由などの正当化事由），（ｃ）実質的被害の発生に対する（高度の）蓋然性（因果関係）が必要であると解されてきました。（ａ）「権利侵害（ないし法益侵害）」要件については，人格権侵害となることが明らかな場合（例えば，道路の騒音・大気汚染による精神的侵害の場合）は問題なく要件を充足することになります。（ｂ）「違法性ないし正当化事由」の要件について，多くの裁判例および従来の有力説（環境権説を除く）は，どのような法律構成をとるとしても，それとは別に，加害者・被害者の種々の事情を考慮して加害行為の違法性の有無を判断する「受忍限度論」を採用しています。最高裁は，道路公害に関して，受忍限度についての枠組みを提示しました。すなわち，先の国道43号線訴訟最高裁判決によれば，違法性

の判断としては，①侵害行為の態様と侵害の程度，②被侵害利益の性質と内容，および③侵害行為のもつ公共性の内容と程度を取り上げて比較衡量をしています。これに対し，尼崎訴訟判決（神戸地裁平成12年1月31日判決判例時報1726号20頁）は，国道43号線から発生する浮遊粒子状物質による大気汚染に関して，最高裁判決の判断枠組みを基本的に踏襲しつつも，①，②について「人の呼吸器疾患に対する現実の影響であって非常に重大」であり，さらに「沿道の広い範囲で疾患の発症・増悪をもたらす非常に強い違法性がある」とし，③については道路の供用制限が「重大な公益上の関心事」であるとしつつも，差止を認めたことが注目されました（名古屋南部訴訟判決も類似しています）。人の健康被害が生ずる蓋然性の高い場合には，その活動の公共性（むしろ，社会的有用性というべきです）が高度なものであっても，差止が認められるべきことは，今日，裁判例，学説のいずれにおいても承認されていると考えられます。(c) 第3の要件である，「実質的被害の発生に対する（高度の）蓋然性（因果関係）」は重要な要件ですが，裁判例上，一定の場合には，因果関係についての証明責任の転換等が図られているものが少なくありません。

　今日，さまざまな化学物質に対する暴露，携帯電話の通信の鉄塔の設置，原子力発電所の設置・稼働などによるリスクの停止を求める差止訴訟が提起されており，これに対してどう判断するかは現代の差止法の重要な課題となっています。

【問題2】
　国立景観訴訟最高裁判決は，従来環境の一種と考えられていた景観について，その「享受」を，①客観的に良好な景観，②近接する地域内の居住，③恵沢の日常的享受という3つの要件の下で，民法709条の個別

的利益（景観利益），すなわち，権利ではないものの「法律上保護された利益」であるとした点で画期的な判決です。このように，一定の環境からの「享受」の利益に着目した点で，本判決は，環境に関連する利益を個別的利益（法的利益）として導き出す方法を示唆しているようにも思われます。

最高裁の「景観利益」についての考え方は，環境についての利益を認めた点で環境権説に類似した面がありますが，次の２点で環境権とは異なっています。

第１は，環境権のように，環境（としての景観）自体に着目するのではなく，環境からの「享受」に着目して個別的利益を導出していることです。

第２は，環境支配権のような考え方はとらず，その侵害が原則として直ちに違法になるという考え方は採用していないことです。むしろ，「権利」とすることは当面難しいとし，「法律上保護された利益」として認めたにすぎず，これと関連して，違法性の判断においても，「法益侵害があれば直ちに違法である」という考え方がとられていません。景観利益の性質（景観利益が侵害された場合に被侵害者の生活妨害や健康被害を生じさせるという性質のものではないこと），財産権者との間の意見の対立の可能性から，「第１次的には，民主的手続により定められた行政法規や当該地域の条例等によってなされることが予定されている」とし，行政法規の規制違反に重点を置く判断がなされています。

15 | 原発規制と放射性物質による汚染への対処

大塚 直

《**この章のねらい**》 本章では，原子力規制と放射性物質による汚染への対処について扱います。

東日本大震災に伴って発生した福島第1原発事故は，脱（減）原発への世論を巻き起こすとともに，原発規制に関する根本的な改革を迫ることになりました。では，従来の原発規制にはどのような不備があり，それはどのように改正されたのでしょうか。

また，放射性物質による汚染は従来環境法の体系からはずされていましたが，法改正により，環境法に取り込まれたといわれています。これにはどのような意味があるのでしょうか。

法改正の結果，原子力法は今や環境法の一分野となったといわれます。しかし，それにはどういう意味があるのでしょうか。

今回はこれらの点について考えてみましょう。

《**キーワード**》 原子力規制，放射性物質，バックフィット，環境基本法，環境影響評価法

わが国の原子力関係の法律としては，まず①原子力基本法が原子力利用の基本方針・原則を定めています。そして，同法の下に，②「核原料物質，核燃料物質及び原子炉の規制に関する法律」（以下，「炉規制法」という），③「放射性同位元素等による放射線障害の防止に関する法律」（放射線障害防止法。平成29年改正により「放射性同位元素等の規制に関する法律」に名称変更），④「放射線障害防止の技術的基準に関

する法律」などが制定されていました。②は，研究用原子炉，商業用原子炉を含め，原子炉施設の規制をしています。③は，原子力利用の一環として，放射性同位元素等の利用が，研究，教育，産業等多方面にわたって行われていることから，これについての規制をするものです。④は，放射性同位元素等の防護基準に関して，原子力発電，医療・研究，教育，産業利用等について，統一的な基準をもって人の生命・健康等への障害の防止を図ることが必要であることから，制定されています。

さらに，このような原子力基本法の体系とは別に，重要な原子力関係法として，原子力損害の賠償に関する法律（原子力損害賠償法）が制定されています，これは，原子力事故が発生した場合における十分な被害者救済を確保するために定められたものであり，そこには，ⅰ）無過失責任（ただし，「異常に巨大な天災地変」等の場合には免責されます），ⅱ）原子力事業者への責任集中，ⅲ）原子力事業者の無限責任（賠償を確実にするため，国は原子力事業者に対して賠償をするための措置を講ずることを義務付けています。もっとも，今回の福島原発事故ではこれはほとんど役に立ちませんでした）が含まれています。

2011年３月11日の東日本大震災およびそれを契機として発生した福島第１原発事故はわが国の環境法にも大きな影響を及ぼしました。

そこで，本章では，原発安全規制等に関する法の不備に対して原子力関係法がどのように改正されたかについて触れ（1），次に，放射性物質による汚染が，法改正により，環境法にどう取り込まれたかを扱った（2）後，原子力法と環境法の関係について取り上げたい（3）と思います。

1. 原発安全規制等に関する法の不備と
それに対する対処—炉規制法の改正

（1）法の不備とそれに対する対処

　まず，福島原発事故前の原子力安全規制等に関する法の状況の問題
と，その後，主に2012年6月に制定された原子力規制委員会設置法（以
下，「委員会設置法」という）に基づく炉規制法の改正により，どのよ
うな対応がなされたかを，6点に分けて記すことにしましょう。

1）原子力安全規制の組織

　第1に，事故前は，原子力発電の推進と規制の一体化，規制側の独立
性の欠如のため，独立した規制の判断と決定が確保されず，安全規制が
ゆがめられる事態が生じていました。

　改正により，推進と規制は分離され，独立した原子力規制委員会が環
境省の外局として設置されました（委員会設置法2条）。そして，同委
員会の事務局として原子力規制庁が設置されました。同委員会の独立性
として，職権の行使（同5条），人事，予算の独立性があげられます。
人事については，原子力規制委員会委員長と委員は，国会の同意を得
て，内閣総理大臣が任命します（委員会設置法7条1項）。総理大臣は
国会の同意なしに委員長および委員を罷免することはできません。ま
た，原子力安全規制に対する国民の不信を払拭することや，計画的に高
度の専門的人材を独自に育成することを目的として，原子力規制庁の職
員についてノーリターンルールが定められました。さらに，委員会は，
その所掌事務について規則制定権が与えられました（委員会設置法26
条）。

　第2に，従来は，多元的体制の下で各行政庁の責任の所在が不明確で
した。

　これについては，改正により，縦割り行政を廃し，一元的な安全規制行政が目指されました。すなわち，原子力安全委員会は廃止され，原子炉設置許可処分について，主務大臣ではなく，原子力規制委員会が行政庁となりました（炉規制法23条1項）。そして，発電用原子炉の許可の基準については，従来のように「災害の防止上支障がないこと」ではなく，「災害の防止上支障がないものとして原子力規制委員会規則で定める基準に適合するものであること」（炉規制法43条の3の6第1項4号）とされました。これは電力会社が深層防護を理由として1箇所基準違反があっても，全体としては「災害の防止上支障がない」と主張することを許さない趣旨であり，大きな変更です。

　第3に，従来は規制行政庁が電力会社の虜になっていたとか，規制側に知見が乏しかったことなどが問題とされました。

　これについては，改正により，原子力規制委員会の中立性・公正性が確保されるようになりました。この点は，原子力規制委員会委員長等の欠格要件やガイドラインに表れています。一方，規制側の知見のなさについては知見の充実が必要ですが，その対応の1つとして，原子力安全基盤機構（JNES）を原子力規制庁に合体することとされました。

　また，同委員会の透明性を図るため，同委員会について，情報公開の徹底，運営の透明性確保が義務付けられました（委員会設置法25条）。会議録等を明らかにし，委員会の公正性・中立性を確保するため，記録の作成・保管および公開が必要です。

　さらに，同委員会の委員長や委員の職務の中立・公正性に関して国民の不信を招かないため，原子力事業者からの委員長・委員に対する寄付の禁止とこれらに関する情報公開も行われます。

2）炉規制法の目的，原子力安全規制法令の一本化

　原子力発電の推進と規制の一体化は法律の目的にも表れていました。

改正により，炉規制法の目的，原子炉施設の許可等の要件から，「原子力の開発及び利用の計画的な遂行」の表現が削られ，安全確保の見地から規制をすることが明らかにされました（通常の許可への変更。1条，24条1項，43条の3の6第1項）。また，同法の目的において，重大事故の場合に「放射性物質が異常な水準で」「原子炉施設を設置する工場又は事業場の外へ放出されること」を防止することが明確にされました。

さらに，原子力安全規制は，従来は，電気事業法の原発に対する安全規制（工事計画認可・各種検査）と炉規制法の安全規制に分かれており，非常にわかりにくい構造になっていましたが，炉規制法の規制に一本化されました。

3）事故時における原発の安全規制が不十分であったこと

1）とも関連しますが，従来は，事故時における原発の安全規制が十分でなく，特に放射性物質の外部への放出に対処する法的枠組みは存在しませんでした。重大事故対策については十分な検討を経ないまま，事業者の自主性に任されてきました。

改正により，炉規制法の目的として安全確保の見地からの規制が行われることが明確にされるとともに，重大事故対策が発電用原子炉施設の許可の際に判断すべき事項として位置付けられました（炉規制法43条の3の6第1項3号など）。

これらに基づく新規制基準が2013年7月に施行されました。そして，その下で，原子力規制委員会で，規制が実現しようとする目標（安全目標）が定められました。安全目標については諸外国には存在しているものの，わが国には従来ありませんでしたが，2013年4月に同委員会で合意されました。すなわち，「万一の事故の場合でも環境への影響をできるだけ小さくとどめる必要から」「事故時のセシウム137の放出量が100

TBq（福島原発事故での放出量の約１／100）を超えるような事故の発生頻度は，100万炉年に１回程度を超えないように抑制されるべきである（テロ等によるものを除く）」（管理放出機能喪失頻度）とされたのです。性能目標については，地震国であることが勘案され，従来通り，炉心損傷頻度は10-4／年程度，格納容器機能喪失頻度は10-5／年程度とすることが維持されました。安全目標に関する議論は，今後とも引き続き検討されます。

　重大事故対策については，設計・設備により炉心損傷を発生させないための規制を基本としつつ，「深層防護」の発想の下，万一重大事故が発生した場合に備え，その進展を食い止める対策を要求しています。

　「災害の防止」という観点からは重大事故対策と防災対策は相互に関連し，一体的に把握される必要があります。

　さらに，事業者による原子力施設の安全性向上を図るために総合的な安全評価を定期的に実施し，その結果等を原子力規制委員会に届け出て，公表することが義務づけられました（炉規制法43条の３の29）。これは確率論的安全評価と関連しています。もっとも，この点については，事業者自身が危険性を認識し，安全性向上を図る制度の導入にとどまっています。

４）設備，機器，保安教育が最新の科学的知見，技術に適合したものになっていなかったこと

　従来，炉規制法には，最新の知見を既存施設にも適用し，施設等を改善することを法的に確保するバックフィット制度がありませんでした。「バックフィット」とは，最新の科学技術的知見を技術基準に取り入れて，既に運転している原発についても，この最新基準への適合を求めることをいいます。

　改正により，バックフィット制度（43条の３の23。なお，57条の８）

が導入され，最新の知見を踏まえ，設備・機器の設置，保安教育の充実について事業者が責任をもつことが明確化されました。

　バックフィットの規定は，最新の科学技術水準に基づき行政庁による許可の撤回を認めるものであり，法的安定性を損なう面もありますが，原発の場合，事故による被害がきわめて甚大なものとなりうるため，このような仕組みを導入することには重要な意義があるといえましょう。伊方原発訴訟最高裁判決（最判平成4年10月29日民集46巻7号1174頁）は，原子炉設置許可処分の取消訴訟において，裁判所が「現在の科学技術水準に照らし」て行政庁の裁量審査をすることを示しましたが，その後も，「現在の科学技術水準」の意味を「判決時」とみるかについては学説上は争いがありました。その意味でも，バックフィット制度の導入には意義があります。

5）福島第1原発1号炉は高経年化炉であったこと

　事故を惹起した福島第1原発1号炉が早い段階で水素爆発等を起こし，高経年炉の安全性が問題とされたため，改正により，発電用原子炉を運転しうる期間を，原則運転開始から40年とし，その満了までに認可を受けた場合には，1回に限り延長を認めることとする（延長期間の上限は20年とし，具体的な延長期間は審査において個別に判断する）「運転期間延長認可制度」が法定されました（炉規制法43条の3の32）。

6）原子力災害対策の不備

　原子力災害に対する対策については，従来，わが国では，原子力施設の安全対策は①異常発生防止のための設計，②万一異常が発生しても事故への拡大を防止するための設計，③万一事故が発生しても放射性物質の異常な放出を防止するための設計という多くの段階によって構成されているといういわゆる「深層防護」によって危険性が否定されてきました。しかし，わが国の「深層防護」の考え方においては，重大事故対

策，防災対策が明確にされておらず，これについては法的規制も不十分
でした。1999年のJCO臨界事故を機縁として原子力災害対策特別措置
法が制定されましたが，2011年の福島原発事故により，オフサイトセン
ターの機能不全，情報伝達の不備など，平時からの対策に不備があった
ことが判明しました。

　2012年6月，委員会設置法制定に基づく原子力基本法の改正により，
原子力防災会議が内閣に設置され（3条の3），平時において，関係行
政機関との調整等，必ずしも専門的技術的知見に基づかない原子力防災
対策について，同会議に担わせることとされました。また，委員会設置
法制定に基づく原子力災害対策特別措置法改正により，原子力緊急事態
が発生した場合における原子力災害対策本部が強化され（原災法16
条），緊急事態対策における技術的・専門的判断については，原子力規
制委員会が一義的に担うこととされました（同法20条3項）。

（2）残された課題

　今般の改正は，原子力法を国民の安全を確保するための法とする点で
有効なものであったと考えられますが，なお問題点も残されています。
いくつかの点が指摘されていますが，ここでは4点あげておきたいと思
います。

　第1に，バックフィットおよびその前提となる許可要件について基準
がなお十分とは言い難いことです。炉規制法では「災害の防止上支障が
ないものとして原子力規制委員会規則が定める基準に適合するものであ
ること」と定められているにすぎません。「最新の科学水準に照らし，
重大な原子力施設の事故の発生を防止する措置がとられること」を明文
で規定すべきであるとの指摘がなされています。

　第2に，原子力規制委員会について，国民から乖離した存在にならな

いための配慮が必要であることです。具体的には，委員に社会学・政治学・法学等の専門家を加えるべきであるとの指摘がなされています。

第3に，同委員会について独立性を確保することは重要でしたが，同委員会が政策的判断をすることができるか，内閣と同委員会の関係はどうなるか，という問題が残されています。

第4に，原発の設置・施設の立地や重大な変更の際の環境影響評価手続が十分でないことです。

2. 放射性物質による汚染と環境法

（1）従来の法律の状況と「平成二十三年三月十一日に発生した東北地方太平洋沖地震に伴う原子力発電所の事故により放出された放射性物質による環境の汚染への対処に関する特別措置法」（以下，「放射性物質汚染対処特措法」という）の制定

放射性物質に対する環境の汚染への対処についての従来の法律の状況は次のようなものでした。

まず，環境基本法体系の法律は，放射性物質による水質汚濁，土壌汚染，大気汚染等の防止や，廃棄された放射性物質およびこれによって汚染された物については，適用が除外されてきました（環境基本法13条，大気汚染防止法27条1項，水質汚濁防止法23条1項，土壌汚染対策法2条，環境影響評価法52条，廃棄物処理法2条など）。

そして，放射性物質による「大気の汚染，水質の汚濁及び土壌の汚染の防止」については，炉規制法が最も重要でしたが，同法は原子力発電所の事故により施設外に広範囲に放射性物質が拡散するという事態は想定していませんでした。また，放射線障害防止法は，核燃料物質を対象から除いており（2条2項，同法施行令1条1号），原子力発電所で扱われる放射性物質については規制対象外としていました。

　一方，放射性物質による汚染の「除去」については，原子力災害発生時の放射性物質への対処について定める原子力災害特別措置法は，放射性物質による汚染の除去，原子力災害の拡大の防止を図るための措置に関する事項について定めを置いていましたが，詳細な手続等については，明確にされていませんでした。また，上述したように，既存の環境法令のうち，土壌汚染対策法では，放射性物質は適用対象とならず，また，廃棄物処理法では，廃棄された放射性物質およびこれによって汚染された物については，適用を除外してきました。

　このように，既存の法体系においては，原子力発電所の施設外に放射性物質が広範囲に拡散する事態への対処については，法令が整備されていなかったのです。

　こうした中，福島原発事故が発生し，2011年8月，議員立法により，放射性物質汚染対処特措法が制定されました。

（2）放射性物質による汚染の防止等についての適用除外規定の削除
1）環境基本法13条の削除
　さらに，環境基本法13条は，2012年6月に制定された原子力規制委員会設置法によって削られました（同時に，循環型社会形成推進基本法の適用除外規定も削られました）。

　環境基本法13条は放射性物質による「大気の汚染，水質の汚濁及び土壌の汚染の防止」について適用除外としていましたが，第1に，同じ環境媒体についての汚染を防止する点で，放射性物質とそれ以外を分ける必要がないこと，第2に，2011年に制定された放射性物質汚染対処特措法を環境基本法体系下にある環境法令として位置付ける必要があったことが理由とされています。

　なお，環境基本法13条にいう「大気の汚染，水質の汚濁及び土壌の汚

染の防止」は単なる防止だけを意味するのか，汚染の除去等も含むのかについては必ずしも明らかではありませんでした。前者の見解もありえますが，ここでは後者の見解を採用しておきたいと思います。その理由としては，上記のように水質，大気，土壌に関する個別法では放射性物質による汚染の除去等も適用除外として扱っており，これらが環境基本法13条と一体として理解されてきましたし，そのように解するのが自然であったことがあげられます。

２）大気汚染防止法ほか４法の適用除外規定の削除

上記の環境基本法の改正を踏まえ，2013年6月，大気汚染防止法，水質汚濁防止法，環境影響評価法，南極地域の環境の保護に関する法律における放射性物質についての適用除外規定が削除されました。

適用除外規定の削除により，大気汚染および水質汚濁については，それぞれを防止するために，放射性物質を規制対象物質に指定し，当該物質を排出する基準を定め，規制対象施設を指定することも可能になりましたが，既に炉規制法，放射性同位元素等の規制に関する法律に基づく施設規制，保安規制，核物質防護規制等の措置がとられているため，新たな規制をすることは現段階では想定されていません。

さらに，大気および水質については，放射性物質による汚染状況の常時監視を環境大臣が行う旨が定められ，一般環境中の大気汚染，ならびに公共用水域および地下水の水質汚濁の状況が常時監視の対象となりました。すでに，炉規制法や放射性同位元素等の規制に関する法律の規制対象となっている施設については，原子力規制委員会，地方自治体その他関係行政機関および事業者において放射性物質のモニタリング体制が構築されていることから，大気汚染防止法および水質汚濁防止法の下では，一般環境中の放射性物質の存在状況を把握し，その存在状況が過去の存在状況の範囲内であるかを確認し，必要に応じて詳細分析が行われ

ます。

　環境影響評価については，事業の実施により放射性物質の影響があり
うるかを事業特性，地域特性によって判断し，影響の評価の必要がある
と判断されれば調査項目に含めて調査し，予測・評価し，環境保全措置
の必要性についても検討することになります。

　他方，適用除外規定が残されている，廃棄物処理法，土壌汚染対策法
などについては，別途検討されることとなりました。この２つの法律
は，先ほどの放射性物質汚染対処特措法との関係が問題となるからで
す。

3．原子力法と環境法

　2012年に制定された原子力規制委員会設置法は，①炉規制法の目的規
定（１条）に，環境保全，放射性物質外部放出防止を含めたこと，②炉
規制法の下，原子炉施設の許可要件に，安全確保の見地からの規制が行
われる趣旨が導入され，開発利用の遂行の規定が削られたこと，③原子
力安全規制組織を変更し，独立の原子力規制委員会を設置するととも
に，その事務局である原子力規制庁を環境省の外局としたこと，④放射
性物質による汚染の防止等について適用除外としてきた環境基本法等の
規定を削除したことにより，原子力法を環境法体系に編入したといえま
す。

　従来，わが国で原子力法が独立していた理由としては，①専門性，高
度な科学技術に関わること，②国が原子力利用について開発志向を強く
もっていたこと，③そもそも放射性物質を外部に排出することが想定さ
れていない点で，通常の環境法とは異なるものと考えられていたことの
３点をあげられます。しかし，理論的にはこのうち最も重要な理由であ
ったとみられる③について，今般の原発事故により汚染の排出が起きて

しまい，もはや原子力法を環境法から全く乖離させておくことは困難になったとみることができます。

今般，原子力法が環境法に編入されたことによって，今後どのような影響があるでしょうか。

第1に，原子力法に環境法の基本原則・理念が適用されることが重要です。環境法の基本理念・原則については第12章で触れましたが，特に予防原則および原因者負担原則が適用されることが肝要であると思われます。

第2に，環境権の考え方とも関連しますが，参加が重要となります。

参考文献

大塚直（2020），「原発民事差止訴訟の課題——大飯原発控訴審判決」環境法研究10号，信山社.

環境法政策学会編（2013），『原発事故の環境法への影響—その現状と課題』商事法務.

高橋滋編著（2016），『福島原発事故と法政策——震災・原発事故からの復興に向けて』第一法規.

高橋滋・大塚直編（2013），『震災・原発事故と環境法』民事法研究会，同（2014），「特集　福島第1原発事故と環境法」環境法研究1号，信山社.

練習問題

【問題1】
　福島原発事故と熊本・新潟の水俣病事件が比較されることがあります
が，どのような異同があるでしょうか。

【問題2】
　大飯原発の差止訴訟第1審判決（福井地裁平成26年5月21日判決）
は，どのような論理で差止を認めたのでしょうか。

解答例

【問題1】

2つの事件の大きな相違は，水俣病の原因はなんといってもチッソという企業による公害＝継続的な侵害行為にあったのに対し，福島原発事故は継続的侵害行為ではなく，東京電力による事故，それも東日本大震災およびそれに伴う津波をきっかけとして発生した事故に起因していることにあるといえます。

しかし両者には類似している点も多く見られます。2つあげておきたいと思います。

第1は，水俣病については，求心性視野狭窄，眼球運動異常，耳鼻科的平衡機能障害等水俣病特有の症状が出る被害のほか，感覚障害のように，水俣病によるものか他の原因によるものか必ずしも明らかでない症状が問題となり，この症状しか出ていない場合に水俣病といえるか否かについて争われてきました。最近，最高裁判決（最判平成25年4月16日）は，感覚障害のみの水俣病の存在を認めました。水俣病の場合，熊本県水俣湾を中心とした悉皆調査が必ずしも十分でなかったことがこの問題が長期的に解決しなかった理由といわれています。水俣病問題とは別に，原発事故についても100mSv（シーベルト）未満の放射線の被曝について人間の健康に何らかの影響があるか否かについては科学者の見解が分かれていますが，水俣病について指摘されたのと同様，福島における健康被害の悉皆調査が重要です。政府はこれを実施しています。

第2に，第12章で扱った原因者負担原則との関係で見ますと，熊本水俣病事件では，チッソの倒産を避け，チッソには損害賠償を払わせ続けますが，その資金は熊本県等が県債などによって一時的に負担する方法がとられました。今般の福島原発事故でも，東京電力が損害賠償を支払っていますが，原子力損害賠償支援機構法を制定し，東京電力以外の原

子力事業者と国が東京電力を支援する仕組みを作りました。これについての賛否は分かれますが，原因者負担主義を貫徹しつつ原因者を倒産させない仕組みがとられた点で両者は類似しています。

【問題２】

　この判決は，まず，「人格権の根幹部分に対する具体的侵害のおそれがあるときは，その侵害の理由，根拠，侵害者の過失の有無や差止によって受ける不利益の大きさを問うことなく，人格権そのものに基づいて侵害行為の差止を請求できる」とし，この事件では「このような根源的権利と原子力発電所の運転の利益の調整が問題となっている」のであり，「具体的危険性が万が一でもあれば，その差止が認められるのは当然である」とします。そして，「具体的な危険性の存否を直接審理の対象とするのが相当である」として，大飯原発に関しては，冷却機能の維持および使用済み核燃料を閉じ込める構造について十分な安全性が確保されていないと判示しました。結論として，原発から250km圏内の原告については差止請求を認容しました。

　この判決は，①原発の運転について具体的危険性とは何か，②原発事故のリスクについて他の利益に関するリスクと衡量することはできるのか，③原発運転に対する差止訴訟の原告および被告の主張立証はどのように行われるか，④原発の運転差止に関する民事裁判では行政基準はどのように考慮されるか等，多くの問題を提起したといえます。

　もっとも，本判決は，控訴審判決（名古屋高裁金沢支部平成30年７月４日判決判例時報2413＝2414号71頁）により，（１審被告敗訴部分について）取り消され，（取消部分について）棄却されました。

索引

●配列は五十音順，＊は人名を示す。

●英数字

１時間前市場（当日市場）　159, 161
3R　193
A.C. ピグー＊　100
ABS　59
CCS（炭素回収貯留）　225, 226
CCU（炭素回収利用）　225
CO_2 排出量　178
CO_2 フリー水素　225
CoC 認証　75
EF　84, 86, 87, 91, 92
ESG 投資　44, 75
FAO　66
FIT　147, 150, 152, 154
FIT 賦課金　162
GDP　86, 87, 88, 92
GDP の成長　178
HDI　85, 86, 87, 91
IFF　73
IPBES　54, 56, 59
IPCC（気候変動に関する政府間パネル）
　42, 226
IPF　73
IWI　87, 88, 91, 92
M・ポーター＊　175, 178
NGO　206, 217
NPO　206
NTFP　69, 70
OECD（経済協力開発機構）　209
PES　61
PM2.5　21
PRTR 法　198
QOL　91
RCP2.6　30

RCP8.5　30
REDD　43, 63, 76
REDD プラス　43, 61, 63, 76, 78
SDGs　89, 90, 208, 214
TSO　161
UNFCCC　42
UNFF　73
UV-B　18, 19
Well-to-Wheel Zero Emission　225
ZEV 法　199

●あ　行

碧海純一＊　189
空き容量　154, 155, 156
アグロ・フォレストリー　76
アジェンダ21　89
厚木基地事件　250
厚木基地第１次訴訟　245
尼崎訴訟　254
アメリカ　117, 168
安全規制　260
安全目標　260
アンダーユース　56
伊方原発訴訟　262
イギリス　118, 127, 136, 137
イタイイタイ病　241
一般廃棄物　222
一般廃棄物処理計画　222
遺伝的（な）多様性　15, 48, 49, 52
イノベーション　97, 173, 175, 176, 177
イノベーション・オフセット　177
違法性　239, 240
違法性段階説　244
違法伐採　74

因果関係　193, 196, 241
インセンティブ　109, 126, 196
インセンティブ効果　135, 150
インボイス制度　144
ウィーン条約　19
ウエルビーイング　91
訴えの利益　248
運転期間延長認可制度　262
営業の自由　194
疫学的因果関係　241
エコロジカル・フットプリント　84
エネルギー関連税　134
エネルギー基本計画　162
エネルギー消費量　178
エネルギー生産性　141, 177, 185
エネルギー問題　146
塩性化　17
煙霧（ヘイズ）　22
塩類集積　18
オイルパーム　70
欧州　139
欧州排出量取引制度（EU ETS）　136, 139, 144
横断条項　232
大飯原発　271
大阪国際空港公害訴訟　245
オーバーユース　56
オーフス条約　207
汚染者負担原則　209
汚染集約産業　172, 173
汚染物質除去装置　176
オゾン　18, 19
オゾン層　18, 19
オゾンホール　18, 19, 20
小田急訴訟　246, 249
オバマ政権　139

オフセット　119
卸電力市場　147, 164
卸電力市場価格　147, 153
温室効果　28
温室効果ガス　28, 29, 41, 42, 43, 44, 72, 130, 132
温室効果ガス算定・報告・公表制度　225
温対税　139
オンタリオ州　139
温暖化　11, 34, 35, 37, 38, 39, 41, 56
温暖化対策　133, 134, 142, 181
温暖化対策税　133, 134, 135, 143, 144
温度上昇　35

●か　行
カーボンフットプリント　85, 86
カーボンプライシング（Carbon Pricing）　130, 131, 132, 133, 140, 142, 143, 184, 186, 225
海岸浸食　39
海水温の変化　38
海水面の上昇　39
害虫の分布　37
買取価格　147, 149, 162
買取制度　149
開発・乱獲　56
回避可能性説　238
外部費用　100, 101
外部不経済　12, 99, 100
外部不経済（の）内部化　102, 104
海洋プラスチック　22
外来種　56, 57, 59
外来生物　60
外来生物法　224
海流の変化　38
価格インセンティブ　161

価格規制　119
拡大生産者責任　210
過剰規制　190
過少利用　56
過剰利用　56, 57
化石燃料　134, 152
河川氾濫　38
仮想水（バーチャル・ウォーター）　24
課徴金　125
カナダ　178
カナダ政府　139
過放牧　17
カリフォルニア州　139
感覚障害　270
環境影響評価　219, 226
環境影響評価法　266
環境改善効果　137
環境開発サミット　89
環境基準　96, 122, 204, 220
環境基準改定　248
環境規制　171, 176, 192
環境規制の強化　168, 172
環境基本計画　204, 209, 210, 217
環境基本法　202, 206, 217, 264, 265
環境経済学　104, 116, 118, 131
環境権　204, 205, 217, 244, 268
環境支配権　255
環境税　100, 103, 106, 107, 111, 124, 137,
　144
環境政策手段の経済分析　129
環境政策上の効果　116
環境政策の雇用効果　171, 172
環境政策の手段　143
環境税収　143
環境税制改革　135, 136, 137, 143
環境税率　143

環境大臣　231
環境と経済の対立（トレード・オフ）　97
環境と経済の対立構図　167
環境と経済の両立　133
環境と発展（開発）に関する国連会議　194
環境破壊　167
環境負荷　177
環境法の基本理念　268
環境法の理念　207
環境保全　167, 171
環境容量　84
環境利用許可証　108
環境利用権　107
カンクン適応枠組み　44
韓国　139
間接的手段　99
間接オークション　159
間接要因　56
感染症　39, 52
干ばつ　39
関連共同性　242
緩和策　41, 42, 43, 63, 76
気温（の）上昇　34, 39
機関委任事務制度　214
企業者利潤　175
気候変化　22, 28, 34, 39, 41, 42, 72
気候変動　16, 42, 43, 57, 63, 76, 195
気候変動シナリオ　44
気候変動税　115
気候変動政策　118
気候変動適応法　41, 44
気候変動に関する政府間パネル（IPCC）
　42
気候変動問題　129, 178
気候変動枠組条約（UNFCCC）　41, 42, 73,
　78, 89

気候モデル　30, 32
技術開発　173
技術革新　97, 168
技術強制（Technology Forcing）　199
技術進歩　147, 169
基準達成へのインセンティブ　126
希少種保存法　224
規制権限不行使　190
規制遵守費用　177
規制的手法　195, 200
規制の強化　169
基盤的手段　99
義務付け訴訟　222, 249
客観的共同　242
吸収源　72, 76
吸収源活動　43
吸収源クレジット　76
牛肉　70
供給　50
供給サービス　50, 51, 54
強制　190
行政裁量　251
行政指導　221
行政代執行　221, 223
行政のリソース　196
行政法　194
行政命令　221
競争条件の公平性　161
競争電源　162
競争優位　169, 176
京都議定書　42, 43
京都大学再生可能エネルギー講座　155
許可制　220, 222, 224
許可の取消　221, 223
極端現象　38, 44
極端な気候　32

漁場　38
許容可能量　84
許容排出総量（キャップ）　138
均衡排出権価格　122
具体的危険性　271
国の環境配慮義務　205, 206
熊本水俣病　239
クリーン開発メカニズム（CDM）　43, 76
グリーンインフラ　45, 72
グリーン購入法　74
グリーン成長　142, 184
グリーンファイナンス　225
グリッド・パリティ　151, 152, 153
クレジット　43, 63, 77
グローバル・ヘクタール　84
グロス・ビディング　159
計画段階配慮書　229, 231
景観利益　240, 244, 255
景観利益侵害　237
経済厚生の最大化　103
経済成長　137, 140, 142, 143, 167, 178,
　　181, 183
経済成長促進政策　143
経済成長と温室効果ガス排出の「切り離
　　し」（「デカップリング」）　142
経済調和条項　208, 218
経済的手段　104, 106, 111, 114, 115, 129
経済的手法　197, 200, 221, 225
経済的措置　204
経済的余剰　122, 123
経済発展　174
『経済発展の理論』（1912年）　174
刑事罰　223
系統接続　154
系統増強　157
系統利用（率）　155

欠格要件　223
ケベック州　139
原因者負担原則　207, 209, 270
原因者負担主義　271
限界排出削減費用　106, 108, 109
限界排出削減費用曲線　106, 121
限界費用　121
原告適格　246
原子力　149
原子力規制委員会　258, 259, 263
原子力規制委員会設置法　258
原子力損害賠償支援機構法　270
原子力損害賠償法　257
原子力発電　149
原子力法　267
原子力防災会議　263
原生林　67
憲法　191, 194
権利・法益侵害　239
故意・過失　238
行為規制　224
広域的運営推進機関　155
豪雨　30, 38, 39
公益的機能　79
公園計画　224
公園事業　224
公害　12
公害対策基本法　202
公害等調整委員会　252
公害紛争処理制度　204, 251
公害問題　10, 12, 192
公共関与　235
公共性　244, 250
公共負担　210
高山植物　35
高山帯　34, 35

高山の動植物　57
公衆参加　231
洪水　38
降水分布　34
降水量　29, 30, 38
公正な競争　164
公正報酬率　149
降雪量　39
高付加価値化　143
幸福追求権　205
幸福度　91, 92
公平性　190
公法　191
小売全面自由化　158
枯渇性　83
国際慣習法　209
国際競争　136
国際競争力　137
国際競争力の強化　169
国際再生可能エネルギー機関（IRENA）
　　151, 152
国際連合砂漠化対策協定　89
国道43号線　244
国道43号線訴訟　253
国民負担　151
国立環境研究所　135
国立景観訴訟　240, 254
国立公園　224
国連環境開発会議　88
国連環境計画（UNEP）　22
国連環境計画管理理事会特別会合　88
国連環境サミット　88
国連気候変動枠組条約　194
国連持続可能な開発会議（リオ＋20）　89
国連森林戦略計画　73
国連森林フォーラム　73

国連人間環境会議　88
コジェネ（熱電供給）　163
コスト　196
国家環境政策法　226
国家賠償請求訴訟　251
国境調整　144
固定価格買取制度　157
個別的因果関係　242
個別排出源　120, 121
個別排出源規制　119, 121, 123, 125
コミュニティ・フォレストリー　76
ゴムの栽培　70
雇用　137, 171
雇用拡大効果　137
雇用減少　173
雇用創出（効果）　172, 173
雇用阻害効果　172

●さ　行
再エネ　146, 161
再エネ大量導入　158
再エネ特措法　157
再エネの市場統合　162
再エネ発電　162
再エネ発電事業者　147, 149, 154
再エネ比率　162
災害　38
財産権　192
最小安全基準　124
再生エネルギー　86
再生可能（性）　71, 82, 83
再生可能エネルギー　146
再生可能エネルギー固定価格買取制度
　　（Feed-in-Tariff：FIT）　146
再生可能エネルギー特措法　201
再生許容量　71

再生速度　82
再生不可能（な資源）　82, 83
最大許容排出量　122
最適汚染水準　95, 97
最適水準　127
裁量権の濫用　249
先物市場　160, 161
差止　191
差止請求　238
差止訴訟　243, 249
里地・里山　57
砂漠化　16, 18
砂漠化対処条約　16, 18
参加　268
産業競争力　133
産業構造　142
産業構造転換　142, 182, 183
産業国際競争力の維持　118
産業国際競争力　168
産業政策上の手段　143
産業の国際競争力　140, 142, 143, 144
産業廃棄物　222
産業廃棄物管理票　223, 235
産業廃棄物処理の構造改革　235
サンゴ礁　34, 35, 57
酸性雨　20
酸性化　32, 34
酸性降下物　20, 21
三位一体補助金改革　215
残余汚染　127
紫外線　18
事業アセスメント　227
事後調査　232, 233
事後変更命令付き届出制　220
自主協定（制度）　115, 118
自主行動計画　198, 225

自主的取り組み　190, 198
市場のグリーン化　178
市場の失敗　101
市場プレミアム制度　163, 164
システム価格　152
次世代低公害車　170
自然環境保全法　202
自然資本　82, 83, 87
事前予防　191
持続可能（性）　71, 81, 82, 83, 91, 92
持続可能な開発　81, 82, 87
持続可能な開発委員会　89
持続可能な開発目標　89
持続可能な社会　81
持続可能な森林経営　73
持続可能な発展　81
持続可能な発展原則　207, 218
持続可能な発展目標　208
持続的開発　16
持続的生産　71
持続的土地管理　18
持続的（な）森林管理　76
持続的な森林経営　74
持続的利用　58
悉皆調査　270
失業　137, 168
私的限界費用　102
私的限界費用曲線　101
私的費用　100
自動車産業　170
自動車排ガス規制　168
自動車排ガスによる汚染問題　168
シナリオ　32
シナリオ分析　30
私法　191
市民参加　206

社会権　205
社会的限界費用　101, 102
社会的限界費用曲線　101
社会的損失　100
社会的費用　101, 201
社会的有用性　244
社会変革　89
社会保険料　135, 137, 143
社会保険料負担　136, 137
収穫量　37
自由権　206
集光型太陽光　151
集積性・蓄積性の汚染問題　129
集積性・蓄積性汚染　118, 125
集積性・蓄積性汚染の未然防止　118, 124,
　127
集積性汚染　118, 123, 125
住宅用太陽光　163
住民参加　217
住民参加型森林管理・経営　76
住民訴訟　251
種間の多様性　48
需給調整市場　160, 161
出力抑制　154, 155
種内の多様性　48
受忍限度論　240, 243, 253
種の絶滅　49
種の多様性　48
シュンペーター（Joseph A. Schumpeter）*
　174, 175
省エネ　141, 176
省エネ効果　140
省エネルギー法　201
小規模地熱　163
商業伐採　70
小水力　163

消費税　136
情報公開　221
情報的手法　198, 200
初期配分方法　111
触媒技術　170
触媒装置　169
食糧問題　24
所得税　135, 136
処分性　248
新規参入者　156
新結合　174
人工林　67, 68
新国富　87
人新世（アンスロポシーン）　16
深層防護　262
薪炭林　67
人的資本　87
森林が衰退・減少　66
森林環境譲与税　79
森林環境税　61, 62, 78, 79
森林管理協議会（FSC）　74
森林吸収源クレジット　63
森林（の）減少　16, 66, 69, 70, 75
森林減少・劣化　76
森林原則声明　89
森林に関する政府間パネル　73
森林に関する政府間フォーラム　73
森林認証　74
森林認証プログラム（PEFC）　74
森林の劣化　72
水源税　62
水質汚濁防止法　266
スイス　180
水力　147, 151, 152
スウェーデン　136, 141, 178, 184
スクリーニング　229

スケールメリット　147
スコーピング手続　229
スターンレビュー　43
ストックホルム会議　88
スポット市場（前日市場）　159
税　117
税・排出量取引制度　111, 114
静学的効率性　104
生活水準　85
生活の質　91
生産工程の変更　176
生産性　141, 185
生産費低下　169
生産量　37
税収中立的　137
税収中立的な税制改革　136
製造業のサービス産業化　185
製造業のデジタル化／サービス産業化
　　182
製造資本　87
生態系サービス　45, 50, 51, 52, 54, 55, 58,
　　59, 60, 61, 62, 63, 71, 72, 78, 79, 82
生態系サービスに対する支払い　61
生態系の多様性　48, 49
生態系の分布変化　34
成長の限界　12
制定法　191
税と補助金のポリシー・ミックス　130
生物季節　35
生物多様性　11, 16, 35, 48, 50, 51, 52, 54,
　　56, 57, 58, 59, 61, 62, 63, 70, 76
生物多様性オフセット　61, 63
生物多様性基本法　59, 209
生物多様性国家戦略　59
生物多様性条約　48, 56, 58, 59, 73, 89, 194
生物多様性の経済価値　60

成文法　191

税率と限界費用が均等化　124

税率割引　126

世界農業機関　66

世界保健機関（WHO）　21

石炭火力　226

責任投資原則　44

石油及びエネルギー需給構造高度化対策特
　別会計　134

石油ショック　134

石油石炭税　134, 143

世代間の衡平　208

接続申込　154

絶滅　49

絶滅危惧（種）　50, 57

ゼロカーボンスチール　226

先行者利得（early-mover advantage）　177

戦略的環境アセスメント　227, 236

操業停止　176

操業停止義務　239

操業停止措置　105

総資本営業利益率（Return on Asset：
　ROA）　182

送電部門の中立性　158

送電網　154

送配電会社　157

送配電事業者（TSO）　161

総量規制　119, 121, 144, 220

ソーシャル・フォレストリー　76

ゾーニング　201, 224

措置命令　223, 235

損害賠償　191

損害賠償請求　238

- -

●た　行

大加速（グレート・アクセラレーション）

　14

大気汚染　20

大気汚染防止法　266

大気浄化法（Crean Air Act）　115

大規模事業用太陽光発電　163

第5次環境基本計画　211

大豆栽培　70

代替案（複数案）　233, 236

太陽光　147, 151

太陽光発電　152

太陽光発電コスト　153

大陸の高山帯　35

高潮　39

高波　39

田子の浦ヘドロ訴訟　251

立入検査　221

脱炭素化　178, 180, 185

脱炭素経済　142, 144

脱硫装置　171

炭素・エネルギー税　136, 137

炭素集約型産業　144

炭素集約的　181

炭素集約的な産業構造　143

炭素税（Carbon Tax）　130, 132, 133, 134

炭素生産性　140, 180, 182

炭素税率　133

地域経済循環　163

地域資源　163

地域循環共生圏　211

地域性　240

地域性（ゾーニング）公園　224

地域電源　163

地域電力需給管理システム　163

地球温暖化　28, 193, 195

地球温暖化対策計画　130

地球温暖化対策推進法　201, 225

地球温暖化対策税（「温対税」） 129, 201
地球環境保全 204
地球環境問題 10, 11, 12, 16, 91, 194, 203
地球サミット 73, 89
地球システム 81
蓄積性汚染 118, 125
蓄電池 163
地熱 147, 151, 152
地方自治法 191
地方分権一括法 191
地方分権推進 214
中国 139
超過利潤 110
長期戦略 225
長期低炭素発展戦略 130
長期微量汚染 124, 125
鳥獣保護管理法 224
調整 50
調整サービス 50, 52
調整力 161
眺望侵害 237
直接規制 104, 107, 111, 114, 115, 117, 123, 125
直接的手段 99
直接販売 164
直接要因 56
低炭素社会実行計画 198, 225
低燃費車（開発） 169
デイルズ* 107
デカップリング 178, 184
適応策 41, 42, 44, 45
デポジット 197
テレカップリング 11
電気事業法 158
電気自動車 163
デンマーク 118, 137

電力・ガス取引監視等委員会 156
電力会社 147, 154, 156, 158
電力系統 155, 156, 157, 158
電力広域的運営推進機関（OCCTO） 158
電力市場 158
電力システム改革 156, 158
電力消費者 162
電力取引 164
電力料金 150
ドイツ 136, 137, 156, 157, 171, 177
ドイツ排水課徴金 115, 117, 125, 126
動学的効率性（技術革新へのインセンティブ） 104, 116
東京都 139
特別地域 224
特別保護地区 224
土砂災害 38
土壌汚染対策法 265
土壌流出 17
土地利用 66, 70, 85
取消訴訟 245

●な 行
内部化 12
ナイロビ会議 88
名古屋議定書 59
ナチュラルステップ 82
南極地域の環境の保護に関する法律 266
南北間の衡平 208
新潟水俣病 241
二酸化炭素 12, 28, 32, 43, 63, 72, 76, 77, 85
二酸化炭素濃度 11, 29, 38
二酸化炭素量 85
二重の配当 137
西淀川公害 241, 243

二次林　67

日照妨害　237

日本　139, 141, 152, 153, 157, 161, 168, 178, 180

日本卸電力取引所（JEPX）　159

日本経済　183

日本の公害対策　117

日本版コネクト＆マネージ　155

日本版マスキー法　167, 168, 169

二面関係から三面関係へ　194

人間開発指数　85, 87

認証制度　61, 62, 74

熱帯雨林　70

熱帯林減少　70

熱中症　39

ネッティング　119

燃料転換　176

濃度規制　105

●は　行

バーゼル条約　22

ハーマン・デーリー*　82

バイオキャパシティ　85

バイオマス　147, 151, 163

バイオマス燃料　70

廃棄物　193

廃棄物規制　222

廃棄物処理法　265

廃棄物問題　22, 203

排出基準　96, 125, 204, 220, 221

排出規制　105

排出規制方式　220

排出許可証（保有排出枠）　108, 111, 120, 121, 138

排出許可証価格　109

排出権　122

排出権購入額　122

排出権売却収入　122

排出削減費用　97

排出削減目標　96

排出事業者責任　235

排出上限　138

排出取引プログラム（Emissions Trading Program）　115, 117, 119, 120

排出量取引　43

排出量取引制度（Emissions Trading）　107, 108, 111, 115, 117, 118, 120, 123, 130, 132, 133, 138, 139, 144

排出枠　138

排出枠取引　197, 221

排水課徴金　115

白化　34

バックフィット　261, 262, 263

伐採権（コンセッション）　69

発送電分離　158

発電コスト　147, 151, 152

バブル　119

パリ協定　43, 44, 130, 133, 214, 225

バンキング　119

ヒートアイランド現象　72

被害者救済　190

被害対策措置　251

非化石価値取引市場　160

ピグー税　103

非枯渇性　83

飛砂　18

非再生可能　83

非再生可能エネルギー　85

非木材林産物　69

費用効率性　104, 111, 116, 120, 123, 127

費用効率的　144

費用最小化　124, 125

平井宜雄*　189

微粒子状物質　21

比例原則　190, 198

非連続的な軌道の変更　174

非連続的な変化　174

風害　38

フードロス（食料ロス・食品ロス）　24, 25

風力　147

風力発電　163

賦課金　147, 150, 197, 221

複合汚染　242

福島第一原発事故　149

複数案（代替案）　229

複数政策手段の組み合わせ（ポリシーミックス）　111

複数政策目標　116, 124

不文法　191

不法投棄　222, 223, 234

プラスチックの海洋汚染　195

プラネタリー・バウンダリー（地球の臨界点）　14, 15, 81, 82

フランス　178

ブルントラント委員会　81

フロン　19, 28

文化　50

文化サービス　50, 52, 60, 72

分配影響　111, 116

分配面　110

分配問題の回避　118

分配問題の緩和　127

米国　180

米国連邦環境庁　119

ベースライン　77

ベースロード電源市場　160, 161

変動電源　146

包括的富指標　87

包括的な富　87

報告書　233

報告徴収　221

放射性物質汚染対処特措法　264, 265

法人税　136

法的分離　158

方法書　229

ポーター仮説　176, 199

ボーモル＝オーツ税　103, 104, 106, 109, 124, 129

ボーモル*とオーツ*　103

北欧諸国　132

補充性　249

補助金　107, 109, 110, 111, 114, 117

ホット・スポット問題　197

保有排出枠　138, 139

ポリシー・ミックス　111, 114, 115, 116, 117, 118, 120, 123, 124, 126, 129, 196

本案審理　246, 248, 250

●ま　行

マイクログリッド／スマートグリッド　163

マイクロプラスチック　22, 23

マイケル・ポーター（Michael E. Porter）*　176

マスキー上院議員*　168

マスキー法　168, 199

マツ枯れ病　38

水資源　23

水問題　23

未然防止　118

未然防止原則　207, 208

ミチゲーションバンキング　63

緑の循環認証会議（SGEC）　74

水俣病　206, 270

ミレニアム開発目標（MDGs） 89
民事差止 205
民事訴訟 237
民主的手続 240
無過失責任 239
無限責任 257
メタン 28
モンゴメリー* 107, 108
モントリオール議定書 19

●や 行
焼き畑 69, 70
山火事 34
誘因 196
有償（オークション） 111
有償配分 111
優良処理業者 235
要件審理 245
洋上風力 151
容量市場 160
予見可能性説 238
余剰電力 155
余剰排出枠 138, 139
四日市公害 242
ヨハネスブルグ・サミット 89
予防原則 207, 208, 209, 236

予防的取組方法 209

●ら 行
ライフサイクル 195
ライフスタイル 193
リオサミット 88
リオ宣言 89, 194
陸上風力 151
リサイクル制度 177
リスク 190, 196
リスクの不確実性 193
リスクヘッジ 161
量産効果 169
量的規制 119, 121
理論と実際の乖離 127
連帯債務 242
連邦ネットワーク規制庁：Bundes-
netzagentur 156
労働コスト 137
労働生産性 141, 180
ローマクラブ 12, 13
炉規制法 256, 259, 260

●わ 行
割引税率 127

分担執筆者紹介

（執筆の章順）

中静　透（なかしずか・とおる）（本名は　浅野　透（あさの・とおる））

・執筆章→1～5

1956年	新潟県に生まれる
1983年	大阪市立大学大学院理学研究科後期博士課程単位収得退学
1985年	農林水産省林野庁林業試験場研究員
1995年	京都大学生態学研究センター教授
2001年	総合地球環境学研究所教授
2006年	東北大学大学院生命科学研究科教授
2016年	総合地球環境学研究所　プログラムディレクター・特任教授
2020年	国立研究開発法人森林研究・整備機構理事長

主な著書　『沈黙する熱帯林』（分担執筆　東洋書店，1992年）

『現代生態学とその周辺』（分担執筆　東海大学出版，1995年）

『Diversity and Interaction in a Temperate Forest Community. Ogawa Forest Reserve of Japan』（共編著　Springer，2002年）

『Protocols for Biodiversity Research』（共編著　Kyoto University Press and Trans Pacific Press，2002年）

『森のスケッチ』（東海大学出版会，2004年）

『生物多様性はなぜ大切か』（分担執筆　昭和堂，2005年）

『震災復興と生態適応　国連生物多様性の10年とRIO＋20に向けて』（共編著　国際書院，2013年）

『Ecological Impacts of Tsunamis on Coastal Ecosystems-Lessons from the Great East Japan Earthquake』（共編著　Springer，2016年）

『森林の変化と人類』（共編著　共立出版，2018年）

『生物多様性は震災復興にどう貢献したか』（共編著　昭和堂，2018年）

諸富　徹 （もろとみ・とおる）

・執筆章→ 6 〜10

1968年　大阪府に生まれる
1998年　京都大学大学院経済学研究科博士課程修了
現在　　京都大学大学院経済学研究科
　　　　／地球環境学堂教授
専攻　　財政学・環境経済学
主な著書　『環境税の理論と実際』（有斐閣，2000年，NIRA 大来政策研
　　　　究賞，日本地方財政学会佐藤賞，国際公共経済学会賞を受
　　　　賞）
　　　　『環境』（岩波書店，2003年）
　　　　『脱炭素社会と排出量取引—国内排出量取引を中心としたポ
　　　　リシー・ミックス』（共編著　日本評論社，2007年）
　　　　『環境経済学講義』（共編著　有斐閣，2008年）
　　　　『環境政策のポリシー・ミックス』（ミネルヴァ書房，2009
　　　　年）
　　　　『低炭素経済への道』（共編著　岩波新書，2010年）
　　　　『脱炭素社会とポリシーミックス』（共編著　日本評論
　　　　社，2010年）
　　　　『水と森の財政学』（共編著：日本経済評論社，2012年）
　　　　『「エネルギー自治」で地域再生！ —飯田モデルに学ぶ—』
　　　　（岩波ブックレット，2015年）
　　　　『電力システム改革と再生可能エネルギー』（日本評論
　　　　社，2015年）
　　　　『再生可能エネルギーと地域再生』（日本評論社，2015年）
　　　　『人口減少時代の都市』（中公新書，2018年）
　　　　『入門　地域付加価値創造分析』（日本評論社，2019年）
　　　　『入門　再生可能エネルギーと電力システム』（日本評論
　　　　社，2019年）
　　　　『資本主義の新しい形』（岩波書店，2020年）

編著者紹介

大塚　直（おおつか・ただし）

・執筆章→11〜15

1958年　愛知県に生まれる
1981年　東京大学法学部卒業後，直ちに大学法学部助手
1986年　学習院大学法学部助教授
1988年　カリフォルニア大学バークレイ校ロースクール客員研究員
1993年　学習院大学法学部教授
現在　　早稲田大学大学院法務研究科・同法学部教授
　　　　環境法政策学会理事長，環境情報科学センター理事長，中
　　　　央環境審議会委員，経済産業省産業構造審議会臨時委員な
　　　　どを歴任
専攻　　環境法，民法
主な著書『土壌汚染と企業の責任』（編著　有斐閣，1996年）
　　　　『増刊ジュリスト新世紀の展望2　環境問題の行方』（編著
　　　　有斐閣，1999年）
　　　　『環境法入門（第3版）』（共著　日本経済新聞社，2007年）
　　　　『循環型社会　科学と政策』（共著　有斐閣，2000年）
　　　　『環境法学の挑戦』（編著　日本評論社，2002年）
　　　　『企業のための環境法』（共著　有斐閣，2002年）
　　　　『地球温暖化をめぐる法政策』（編著　昭和堂，2004年）
　　　　『環境と法』（共著　成文堂，2004年）
　　　　『労働と環境』（共編著　日本評論社，2008年）
　　　　『環境法［第4版］』（有斐閣，2020年）
　　　　『環境リスク管理と予防原則—法学的・経済学的検討』（監
　　　　修　編著　有斐閣，2010年）
　　　　『国内排出枠取引制度と温暖化対策』（岩波書店，2011年）
　　　　『震災・原発事故と環境法』（共編著　民事法研究会，2013
　　　　年）
　　　　『18歳からはじめる環境法［第2版］』（編著　法律文化
　　　　社，2018年）
　　　　『環境法BASIC［第2版］』（有斐閣，2016年）
　　　　『環境法研究1号〜10号』（編集　信山社，2014年〜2020年）

放送大学教材　1930052-1-2111（ラジオ）

環境と社会

発　行　　2021年3月20日　第1刷

編著者　　大塚　直

発行所　　一般財団法人　放送大学教育振興会
　　　　　〒105-0001　東京都港区虎ノ門1-14-1　郵政福祉琴平ビル
　　　　　電話　03（3502）2750

市販用は放送大学教材と同じ内容です。定価はカバーに表示してあります。
落丁本・乱丁本はお取り替えいたします。

Printed in Japan　ISBN978-4-595-32276-1　C1336